2017年度中央级科研机构改革与发展情况调查分析报告
（社会公益类）

科研院所改革调查课题组　著

科学技术文献出版社
SCIENTIFIC AND TECHNICAL DOCUMENTATION PRESS

·北京·

图书在版编目(CIP)数据

2017 年度中央级科研机构改革与发展情况调查分析报告：社会公益类 / 科研院所改革调查课题组著.—北京：科学技术文献出版社，2019.5

ISBN 978-7-5189-4917-5

Ⅰ. ①2… Ⅱ. ①科… Ⅲ. ①科学研究组织机构—体制改革—调查报告—中国—2017 Ⅳ. ①G322.2

中国版本图书馆 CIP 数据核字（2018）第 244463 号

2017 年度中央级科研机构改革与发展情况调查分析报告（社会公益类）

策划编辑：周国臻　责任编辑：周国臻　李　鑫　责任校对：文　浩　责任出版：张志平
出 版 者　科学技术文献出版社
地　　　址　北京市复兴路 15 号　邮编　100038
编 务 部　（010）58882938，58882087（传真）
发 行 部　（010）58882868，58882870（传真）
邮 购 部　（010）58882873
网　　　址　www.stdp.com.cn
发 行 者　科学技术文献出版社发行　全国各地新华书店经销
印 刷 者　北京虎彩文化传播有限公司
版　　　次　2019 年 5 月第 1 版　2019 年 5 月第 1 次印刷
开　　　本　787×1092　1/16
字　　　数　105 千
印　　　张　8.25
书　　　号　ISBN 978-7-5189-4917-5
定　　　价　38.00 元

版权所有　违法必究

购买本社图书，凡字迹不清、缺页、倒页、脱页者，本社发行部负责调换

2017年度中央级科研机构改革与发展情况调查分析报告（社会公益类）编委会

主　任	贺德方　苏　靖
副主任	张炳清　李加洪　汤富强　霍　竹
协调人	赫运涛　陈　涛　李　伟
主　笔	范治成　孙艳辉　赫运涛
成　员	（按姓氏笔画为序）

王　祎　王　晋　石　蕾　卢　凡　许东惠

李　博　陈志辉　林　喆　赵丹丹　胡永健

相朋超　徐振国　高鲁鹏　程　苹

目　录

概　述 ··· 1

第一部分　按非营利机构管理和运行的社会公益类科研机构 ······ 16

　（一）基本数据调查汇总与分析 ································ 16

　　1. 人员情况 ··· 16

　　2. 机构的规模与不同规模机构的职工分布 ············· 17

　　3. 科技人员的年龄结构与学历结构 ······················ 18

　　4. 聘用的固定岗位与流动岗位科技人员 ················ 20

　　5. 人员流动情况 ·· 21

　　6. 离退休人员的数量与费用 ······························ 22

　　7. 总收入及构成 ·· 24

　　8. 资产与税金 ··· 30

　　9. 人均年货币收入 ··· 31

　　10. 进口科教用品 ··· 32

　　11. 主要科技产出 ··· 32

　（二）完成的重大科技项目 ······································ 33

　　1. 重大科技成果 ·· 33

　　2. 重大科技成果汇总 ······································ 34

　（三）发展现状与展望 ·· 40

　　1. 本机构面临的主要问题 ································· 40

2. 本机构发展的主要基础 …………………………………… 41

3. 本机构当前的工作要点 …………………………………… 41

4. 本机构对科技政策的主要需求 …………………………… 42

5. 科研机构所办企业情况 …………………………………… 43

6. 落实《促进科技成果转化法》情况 ……………………… 47

（四）附表 ………………………………………………………… 48

第二部分 拟转为科技型企业的社会公益类科研机构 ………… 60

（一）基本数据调查汇总与分析 ………………………………… 60

1. 人员情况 …………………………………………………… 60

2. 机构规模 …………………………………………………… 61

3. 科技人员的年龄结构与学历结构 ………………………… 61

4. 专业技术人员的流动情况 ………………………………… 63

5. 离退休人员的数量与费用 ………………………………… 64

6. 总收入及构成 ……………………………………………… 65

7. 资产、上缴税金与利润 …………………………………… 69

8. 人均货币收入 ……………………………………………… 70

9. 进口教科用品 ……………………………………………… 71

10. 主要科技产出 ……………………………………………… 71

（二）完成的重大科技项目 ……………………………………… 72

1. 重大科技成果 ……………………………………………… 72

2. 重大科技成果汇总 ………………………………………… 73

（三）发展现状与展望 …………………………………………… 79

1. 本机构面临的主要问题 …………………………………… 79

2. 本机构发展的主要基础 …………………………………… 79

3. 本机构当前的工作要点 …………………………………… 80

  4. 本机构对科技政策的主要需求 ……………………………………81

  5. 科研机构所办企业情况 ……………………………………………82

  6. 落实《促进科技成果转化法》情况 ………………………………85

 (四)附表 ……………………………………………………………………86

第三部分　转为其他类型事业单位的社会公益类科研机构 ………93

 (一)基本数据调查汇总与分析 …………………………………………93

  1. 人员情况 ……………………………………………………………93

  2. 科技人员的年龄结构与学历结构 …………………………………94

  3. 人员流动情况 ………………………………………………………95

  4. 离退休人员的数量与费用 …………………………………………96

  5. 总收入及构成 ………………………………………………………96

  6. 资产、利润与税金 …………………………………………………100

  7. 人均年货币收入 ……………………………………………………101

  8. 主要科技产出 ………………………………………………………103

 (二)完成的重大科技项目 ………………………………………………103

  1. 重大科技项目 ………………………………………………………104

  2. 重大科技成果汇总 …………………………………………………105

 (三) 发展现状与展望 ……………………………………………………111

  1. 本机构面临的主要问题 ……………………………………………111

  2. 本机构发展的主要基础 ……………………………………………111

  3. 本机构当前的工作要点 ……………………………………………112

  4. 本机构对科技政策的主要需求 ……………………………………113

  5. 科研机构所办企业情况 ……………………………………………113

  6. 落实《促进科技成果转化法》情况 ………………………………116

 (四)附表 …………………………………………………………………117

概 述

中央级社会公益类科研机构（以下简称"公益类科研机构"），包括水利部、自然资源部等20个国务院部门所属的科研机构。2001—2004年，国家对社会公益类科研机构分四批实施了改革，纳入改革范围的社会公益类科研机构共计265家。根据改革方案，对公益类科研机构主要分成三类——"按非营利机构管理和运行""拟转为科技型企业""转为其他类型事业单位"——来进行改革。通过撤并等措施，截至2016年年底，中央级社会公益类科研机构总计233家。其中，"按非营利机构管理和运行"科研机构101家；"拟转为科技型企业"科研机构56家；"转为其他类型事业单位"科研机构76家。

自2003年开始，科技部政策法规司委托科研院所改革跟踪调查课题组开展基本情况调查，调查的重点是"非营利"部分；随着改革的深入，自2006年开始，对以上3种改革方向的科研机构改革与发展情况进行了内容更为全面的调查，并持续至今。

自2013年开始，科技部政策法规与监督司委托国家科技基础条件平台中心组织开展调查工作，将中央级社会公益类科研机构改革与发展情况调查方式调整为网络调查，主要调查此类机构改革与发展的基本情况，并针对科研机构在"十一五""十二五"期间取得和推广应用的重大科技成果进行了专题调研。

2017年，按照科技部相关工作安排，国家科技基础条件平台中心继续组织了中央级社会公益类科研机构改革与发展情况调查，被调查的时间范围为2016年1月1日至2016年12月31日。各类科研机构2016年度改革与发展概况如下。

一、按非营利机构管理和运行的社会公益类科研机构

原改革方案中,"按非营利机构管理和运行"的科研机构为 101 家。由于中国农业科学院院部、中国农业科学院研究生院、中国医学科学院院部 3 家单位主要从事科技管理工作,未被列入调查范围;中国农业科学院农业经济与发展研究所未填写调查,本年度报告中调查回函单位为 97 家,有效数据 96 份。

(一)基本数据调查汇总与分析

1. 人员与机构情况

●在职人员:2016 年,在职人员 2.43 万人,较上年增加了 2.58%。其中,从事研究开发和从事科技基础性工作的人员分别占职工人数的 53.53%和 31.67%。

●机构规模:201～500 人的机构最多,占总数的 44.79%;101～200 人的机构次之,占 31.25%。

●科技人员的年龄结构:2016 年,在职科技人员队伍相对年轻化,40 岁以下人数比 40 岁以上的科技人员数量占比高 11.38%。

●科技人员的学历结构:近年来,在科技人员的学历结构中,高学历人员所占比例不断上升。2016 年,获得博士、硕士学位的科技人员占科技人员的比例,合计已达 68.21%。

●固定岗位与流动岗位科技人员:2016 年,在按非营利机构管理和运行的社会公益类科研机构从业人员中,2016 年年末在职人员中固定岗位 45 岁以下的人员占 55.24%,具有博士或硕士学历的人员合计占 55.37%。

固定岗位与流动岗位人员之比为 1:0.40,较上年的 1:0.34 有所下降。

●专业人员引进情况:2016 年,引进专业人员共计 1245 人,较上年有所增加,引进专业人员数占当年在职人员数的 5.12%、科技人员数的 6.01%。

2016 年引进的专业人员中,新招毕业生占 67.95%;新招毕业生中,博士占 50.95%、硕士占 37.12%、本科占 9.57%、其他占 2.36%。国内外招聘人员占当

年引进专业人员的 17.99%；其中留学归国人员占国内外招聘人员的 14.29%，占当年引进专业人员的 2.57%。

●**专业人员减少情况**：2016 年，减少的专业人员共计 1123 人，其中退休人员与流出人员的比例分别为 47.91%和 52.09%，分别占当年科技人员数的 2.60%和 2.83%。

2016 年，拥有博士和硕士学历流出的人数低于同等学力流入的人数。

●**离退休人员的数量与费用**：截至 2016 年，该类机构的离退休人员合计为 19789 人，较上年的 19765 人增加了 0.12%；离退休人员与在职人员之比为 0.81∶1，与上年有所减少。

2016 年，离退休人员费用合计为 15.80 亿元，较上年增加了 2.13%，占当年"存量事业费"（即事业费减去非营利部分追加的事业费）的 31.67%。

2016 年，离退休人员人均年离退休金为 6.39 万元，较 2015 年的人均 6.45 万元略有下降。

2. 收入与资产

●**总收入**：2016 年，非营利公益类科研机构总收入为 220.56 亿元，较上年减少了 14.87%。2016 年，此类机构总收入的构成中，从大到小依次是纵向科技性收入、科学事业费、横向科技型收入、其他财政拨款、修缮购置专项经费、基本建设费、基本科研业务费、其他收入、研究生培养补助经费、增拨离退休人员费、产品销售收入。与上年调查的费用构成情况大体相同。2012 年增加了基本建设费和其他财政拨款两项，2016 年，这两项指标分别为 12.55 亿元和 27.05 亿元。2016 年，调查新增基本科研业务费、修缮购置专项经费、研究生培养补助经费、增拨离退休人员费四项财政拨款（简称新增四项），合计为 25.56 亿元，占全年总收入的 11.59%。

2016 年，非营利公益类机构的财政性收入，即科学事业费、"新增四项"、纵向科技性收入、基本建设费、其他财政拨款合计 182.76 亿元，占此类机构全年总收入的 82.86%。

● **科学事业费：** 2016 年，科学事业费 53.33 亿元，较上年增长了 14.72%。

● **纵向科技性收入：** 2016 年，纵向科技性收入 64.25 亿元，较上年增长 37.51%，是非营利公益类机构的主要收入来源。

● **横向科技性收入：** 2016 年，横向科技性收入 28.79 亿元，较上年增长 17.46%。横向科技性收入近 3 年保持基本稳定。

● **资产与税金：** 2016 年，非营利公益类机构的资产总额、净资产、上缴税金三项指标，分别为 444.78 亿元、298.72 亿元、3.28 亿元，分别比上年增长 4.20%、-6.06%、5.72%。

● **人均年货币收入：** 2016 年，职工的收入水平继续稳步提高。职工人均年货币收入 3 万元以上的机构 78 家，占机构总数的 81.25%。职工人均年货币收入 4 万~6 万元的 2 家，占 2.08%；6 万~10 万元的 14 家，占 14.58%；10 万元以上的 62 家，占 64.58%。

3. 主要科技产出

获国家级科技奖励数、获省部级科技奖励数、获行业科技奖励数、培养博士生和培养硕士研究生 5 项指标较上年有所下降；完成科研项目数、发表论文数、出版专著、申报专利、获专利授权、获发明专利授权 6 项指标较上年有所上升。

（二）2016 年取得的重大科技成果

● 参与此次调查的 96 家科研机构中，有 51 家填报了取得的重大科技成果，占此类机构总数的 53.12%。

● 成果的研发周期：研发周期为 10 年以上、5~10 年和 3~5 年的分别居前 3 位，而 2~3 年、1~2 年的成果较少。

● 研发累计经费收入，小于 500 万元（有 0 元研发累计经费的）的 17 家，占此类机构总数的 33.33%；500 万~1000 万元的 17 家，占此类机构总数的 33.33%；1000 万~2000 万元的 4 家，占此类机构总数的 7.84%；2000 万~5000 万元的

9家,占此类机构总数的17.65%; 5000万~1亿元的4家,占此类机构总数的7.84%,1亿元以上的没有。

(三) 机构发展现状与展望

1. 机构面临的主要问题

在96家按非营利机构管理和运行的社会公益类科研机构中,机构面临的主要问题依次为:(1)人才结构不合理,高层次和高技能人才缺乏;(2)科研评价体系、科研成果转化及激励制度有待完善;(3)国家财政投入支持不够;(4)科技创新与服务能力不强;(5)运行与管理机制效率不高。这说明高层次人才和资金保障是目前此类机构亟须解决的问题。详见第一部分图1-7。

2. 机构发展的主要基础

在96家按非营利机构管理和运行的社会公益类科研机构中,机构发展的主要基础依次为:(1)专业发展方向符合国际科技前沿和国家战略需求;(2)具有稳定的财政支持渠道,可以自主选择研究方向;(3)国家重点实验室、工程技术研究中心等基础科研平台支撑;(4)创新团队基本稳定,对人才具有一定吸引力;(5)科研成果转化潜力较大,市场需求较好。这说明目前此类机构的发展方向整体与国际前沿和国家战略相符,在一定程度上体现了机构改革的成效。详见第一部分图1-8。

3. 机构当前的工作要点

在96家按非营利机构管理和运行的社会公益类科研机构中,机构当前工作的要点依次为:(1)加强人才队伍建设,优化人才结构;(2)改革完善运行与管理机制;(3)加强科研成果转化能力,逐步融入市场;(4)调整专业领域和发展方向,适应经济社会发展需求;(5)加大科研基础设施与设备投入。科技人才是科研机构的核心竞争力。因此,较多的非营利公益类科研机构将当前的工作重点放在人才队伍的建设上。详见第一部分图1-9。

4. 机构对科技政策的主要需求

在96家按非营利机构管理和运行的社会公益类科研机构中,机构对科技政策的主要需求由强到弱依次为：（1）调整和完善薪酬制度，调动各类人员的积极性；（2）对学科与行业基础性科研工作，予以稳定支持；（3）进一步明确公益类院所定位；（4）理顺机构体制机制；（5）加强和落实鼓励科技成果转化的各项政策。对基础性科研的不够重视及不完善的薪酬制度，制约了此类机构的均衡健康发展，相关部门应予以政策支持。详见第一部分图1-10。

5. 科研机构所办企业情况

（1）所办企业现状

经统计，96家按非营利机构管理和运行的社会公益类科研机构中，有46家科研机构曾经创办过所办企业。截至2016年年底，按照事业单位所办企业清理规范的要求，已有10家科研机构剥离了所办企业18家，同时对部分科研机构因各类原因注销了所办企业（数据不详）；另有27家科研机构，因所办企业运行状况良好或符合国家战略发展需求等，保留了所办企业99家，未进行剥离。

（2）面临的困难和问题

通过分析，非营利机构管理和运行的社会公益类科研机构创办和发展所办企业面临的困难和问题主要集中在以下几个方面。一是国家相关规定、国有资产管理政策与创办和发展所办企业机制不协调；二是所办企业体制机制不健全，存在"事企不分"问题，引人用人政策不灵活、企业管理制度不完善、创新激励不足；三是优秀、专业的职业经理人缺乏，所办企业资源配置和使用效益低；四是企业规模小、资金力量不足，产业链条不完善、产品创新性缺乏，很难在市场上形成核心竞争力。

（3）下一步改革意向与政策需求

建议从国家层面出台政策，鼓励激励公益类科研院所创办企业，形成事企相依、产权清晰、职责明晰、监管到位的体制机制，推动管理制度完善、资源配置高效、富于创新活力的科技型企业发展，充分发挥公益类科研院所的科技资源和创新人才优势。

6. 落实《促进科技成果转化法》情况

数据显示，96家按非营利机构管理和运行的社会公益类科研机构中，有68家已根据国家《促进科技成果转化法》出台或正在制定适合本单位的管理办法（其中，有16家是在国家《促进科技成果转化法》出台前就已经制定了推进科技成果转化的相关办法），有19家科研机构明确回答本单位不涉及科技成果转化或未落实，另有9家未明确回答是否落实。

二、拟转为科技型企业的社会公益类科研机构

拟转为科技型企业的社会公益类科研机构仍有56家，本年度报告中调查回函单位为56家，有效数据49份。

（一）基本数据调查汇总与分析

1. 人员与机构情况

● 2016年年末，此类科研机构拥有在职人员总数7519人，比2015年增长4.16%；2016年，此类科研机构平均拥有在职人员数为153人。

● 在职人员中，从事研究开发和科技基础性工作的人员分别占51.87%和21.41%。从事生产经营的人员占从业人员的11.20%。

● **科技人员的年龄结构与学历结构：** 2016年，40岁以下的人员数多于40岁以上的人员数，且40岁以下的人员比重较上年有所提升，年龄结构逐渐趋于年轻化；科技人员中，博士、硕士、本科学历者，分别占18.93%、31.74%、35.79%，三者合计达到了86.46%，科技人员的学历结构较为理想。

● **专业技术人员的流动情况：** 总体来看，2016年流入人员、减少人员（退休人员+流出人员）和流出人员分别为当年科技人员总数的6.52%、5.37%和3.16%，流入人员与减少人员之比为1∶0.82，其中，博士、硕士的流入数远高于流出数。

● **离退休人员数量：** 2016年离退休人员累计数为5504人，较上年增加了4.07%。离退休人员与在职人员之比为0.73∶1。

- **离退休人员费用：** 2016年，离退休人员费用合计3.40亿元，增长3.69%。人均年离退休金为5.47万元，较2015年的5.21万元增加了4.90%。
- **职工人均年货币收入：** 职工的收入水平逐年提高。2016年，此项收入在4万元以上的36家，占此类机构总数的75%；6万元以上的33家，占此类机构总数的68.75%；8万元以上的26家，占此类机构总数的54.17%；10万元以上的20家，占此类机构总数的41.67%。

2. 收入与资产

- **总收入：** 2016年拟转为科技型企业的社会公益类科研机构总收入为47.67亿元，较上年增长22.17%。总收入构成由高到低依次是：产品销售收入、纵向科技性收入、横向科技性收入、其他财政拨款、科学事业费、其他收入、基本建设费、修缮购置专项经费和出口创汇。其中，纵向科技性收入、科学事业费、修缮购置专项经费、基本建设费、其他财政拨款等"财政性收入"合计24.33亿元，占总收入的51.04%；产品销售收入、横向科技性收入、其他收入合计23.34亿元，占总收入的48.96%。
- **科学事业费：** 2016年，此类机构科学事业费合计5.85亿元，较上年增长10.75%；占总收入的12.28%。
- **纵向科技性收入：** 2016年，此类机构纵向科技性收入合计8.05亿元，同比下降10.23%；占总收入的16.88%。
- **横向科技性收入：** 2016年，此类机构横向科技性收入合计7.89亿元，较上年增长30.95%；占总收入的16.55%。
- **产品销售收入：** 2016年，此类机构产品销售收入合计11.67亿元，较上年降低62.28%；占总收入的24.47%。
- **资产总额：** 2016年资产总额为91.34亿元，较上年下降5.90%。
- **净资产：** 2016年净资产为61.38亿元，较上年增加1.83%。

3. 主要科技产出

2016年科技产出总体情况较好。完成科研项目数、获得国家级科技奖励数、获得省部级科技奖励数、获得行业科技奖励数、专利申请数、专利授权数、发明专利授权数、发表论文数和出版专著数9项科技产出指标均有所上升；只有研究生培养博士数和培养硕士数2项科技产出指标有所下降。

（二）2016年取得的重大科技成果

● 参与此次调查的49家拟转为科技型企业的社会公益类科研机构中，有44家填报了取得的重大科技成果，占此类机构总数的89.80%。

● 成果的研发周期，以3~5年的最多，有19项；2~3年的和1~2年的次之，分别为15项和6项。

● 成果的研发经费投入，小于500万元的占54.55%、500万~1000万元的占13.64%、1000万~2000万元的占11.36%、2000万~5000万元的占11.36%、1亿元以上的占2.27%。

● 有国际合作情况的成果有4项，占项目总数的9.09%。

（三）机构发展现状与展望

1. 机构面临的主要问题

在56家拟转为科技型企业的社会公益类科研机构中，有49家对本机构面临的主要问题进行排序。本机构面临的主要问题依次为：（1）国家财政投入支持不够；（2）人才结构不合理，高层次和高技能人才缺乏；（3）科研评价体系、科研成果转化及激励制度有待完善；（4）运行与管理机制效率不高；（5）科技创新与服务能力不强。其中最重要的问题是国家财政投入支持不够。

2. 机构发展的主要基础

在56家拟转为科技型企业的社会公益类科研机构中，有49家对本机构面临的主要问题进行排序。本机构发展的主要基础依次为：（1）专业发展方向符合国际科技前沿和国家战略需求；（2）国家重点实验室、工程技术研究中心等基础科研平台支撑；（3）科研成果转化潜力较大，市场需求较好；（4）创新团队基本稳定，对人才具有一定吸引力；（5）具有稳定的财政支持渠道，可以自主选择研究方向。专业发展方向符合国际科技前沿和国家战略需求是此类机构发展的最主要基础。

3. 机构当前的工作要点

在 56 家拟转为科技型企业的社会公益类科研机构中，有 49 家对本机构面临的主要问题进行排序。本机构当前工作的要点依次为：（1）加强人才队伍建设，优化人才结构；（2）加大科研基础设施与设备投入；（3）加强科研成果转化能力，逐步融入市场；（4）改革完善运行与管理机制；（5）调整专业领域和发展方向，适应经济社会发展需求。

4. 机构对科技政策的主要需求

在 56 家拟转为科技型企业的社会公益类科研机构中，有 49 家对本机构面临的主要问题进行排序。本机构对科技政策的主要需求由强到弱依次为：（1）进一步明确公益类院所定位；（2）理顺机构体制机制；（3）对学科与行业基础性科研工作，予以稳定支持；（4）调整和完善薪酬制度，调动各类人员的积极性；（5）加强和落实鼓励科技成果转化的各项政策。此类科研机构当前对科技政策的主要需求最强的是进一步明确公益类院所定位。

5. 科研机构所办企业情况

（1）所办企业现状

拟转为科技型企业的社会公益类科研机构，因自身具备开展技术开发、技术咨询、相关科技产品制造及营销等业务的资质及条件，创办的所办企业数量有限。经统计，56 家拟转为科技型企业的社会公益类科研机构中 22 家曾创办过所办企业。截至 2016 年年底，其中 14 家科研机构按事业单位所办企业清理规范要求对部分所办企业进行剥离或注销，剥离了 26 家所办企业，目前仍有 12 家科研机构保留的 26 家所办企业处于运行状态，但因行业性质、创新实力、投资规模、管理效益、国家政策等因素影响，发展情况参差不齐，差异较大。

（2）面临的困难和问题

通过分析，科研机构创办和发展所办企业面临的困难和问题主要集中在以下几个方面。一是科研机构转制改革不到位，科研机构性质不明确；二是创办和发展企业仍面临"事企不分""产权不明晰"等体制机制障碍；三是管理制度不健全，缺乏专业的经营管理人才，所办企业管理效率不高；四是所办企业规模小、资金力量不足，产品（或业务）缺乏创新性，无法形成核心竞争力等。

（3）下一步改革意向与政策需求

建议明确院所的定位问题，按照事企分开的原则，明晰产权，明确职责；进一步在产业政策、财税政策、科研立项等方面加大对科研院所办企业的支持力度，扶持自主创新；进一步鼓励实行多元化收入分配政策，提高专业技术人才收入，稳定科技创新团队；鼓励企业进行股份制改革，允许员工参与持股，充分调动积极性和创造性。

6. 落实《促进科技成果转化法》情况

数据显示，56家拟转为科技型企业的社会公益类科研机构中，已有20家科研机构根据国家《促进科技成果转化法》出台（修订）适合本单位的管理办法或参照执行国家政策，有13家科研机构在国家《促进科技成果转化法》出台前就已经制定了鼓励科技成果转化的相关办法，同时有8家科研机构不涉及科技成果转化或未落实国家《促进科技成果转化法》，另有15家科研机构未明确回答是否落实国家《促进科技成果转化法》。

三、转为其他类型事业单位的社会公益类科研机构

转制方案中，转为其他类型事业的社会公益类科研机构原有98家。近年此类机构"属性"的变化较为频繁。转制以来，中国疾病预防控制中心及所属机构共计10家、国家环保总局北方核与辐射安全监督站等4家、卫生部卫生监督中心已退出本序列，水利部信息研究所已撤销，目前此类机构还有80家。由于中国气象局报来的调查材料中一直没有大连市气象科学研究所等7家市级气象科学研究所而有重庆市气象科学研究所等3家省级气象科学研究所，所以目前此类机构可统计对象为76家。本年度报告中回函单位70家，有效数据66份。

（一）基本数据调查汇总与分析

此类机构目前76家，列入本年度调查范围的70家，实际回函有效数据为

66家，占此类机构总数的86.84%。

1. 人员与机构的情况

●**人员情况：** 2016年，参与此次调查的转为其他类型事业单位的社会公益类科研机构从业人员数为13183人，较上年增加2.13%。2016年，此类机构中，从事研究开发、从事科技基础性工作和从事生产经营的各类人员分别占从业人员的35.96%、27.88%、1.75%。

●**科技人员数的增长率：** 2016年，此类机构科技人员总数8416人，较上年增长1.24%，低于同年从业人员2.13%的增长率。

●**科技人员的年龄结构：** 2016年，此类机构40岁以下的科技人员占59.24%，40岁以上的科技人员占40.76%。

●**科技人员的学历结构：** 2016年，科技人员中博士、硕士、本科的比例分别为17.55%、37.98%和31.08%，三者合计达86.61%。其中博士增幅明显。

●**人员流动情况：** 2016年，机构流入人员数、减少人员数（退休人员+流出人员）、流出人员数，分别为当年从业人员数的3.73%、3.04%、1.31%。

●**离退休人员的数量：** 2016年，此类机构的离退休人员数为8458人，同比增长6.11%。

此类机构历年离退休人员与从业人员之比：2006年为0.53∶1，2007年为0.54∶1，2008年为0.56∶1，2009年为0.63∶1，2010年为0.69∶1，2011年为0.66∶1，2012年为0.65∶1，2013年为0.66∶1，2014年为0.68∶1，2015年为0.62∶1，2016年为0.64∶1，总体较平稳。

●**离退休人员的费用：** 2016年，离退休人员的费用合计为6.71亿元，同比增长13.25%。其中，离退休金、医疗费、其他费用分别占离退休人员费用合计的86.09%、8.25%、5.66%。

●**人均年货币收入：** 2016年，人均年货币收入5万元以上的52家，占78.79%；8万元以上的46家，占69.70%；20万元以上的7家，占10.61%。

2. 收入与资产

●**总收入：**2016年为125.74亿元，较上年的103.46亿元大幅增长21.54%。

总收入的构成中，由大到小依次是：其他收入、科学事业费、纵向科技性收入、其他财政拨款、横向科技性收入、基本建设费、产品销售收入、修缮购置专项经费。

●**科学事业费：**2016年，此类机构科学事业费合计24.64亿元，较上年增长31.25%。

●**纵向科技性收入：**2016年，此类机构纵向科技性收入20.65亿元，较上年增长48.26%。

●**横向科技性收入：**2016年，此类机构横向科技性收入11.66亿元，较上年增长7.47%。

●**资产总额：**2016年，此类机构资产总额216.62元，较上年增长10.94%。

●**净资产：**2016年，此类机构净资产146.84亿元，较上年增长13.22%。

3. 主要科技产出

与上一年相比，2016年11项主要科技产出指标中，有6项指标均有所上升，5项指标有所下降：

●上升指标包括发表论文数、专利申报数、专利授权数、发明专利授权数、获行业科技奖励数、培养硕士生研究人数；

●下降指标包括获省部级科技奖励数、培养博士生研究人数、获国家级科技奖励数、出版专著数、完成科研项目数。

（二）2016年取得的重大科技成果

●参与此次调查的66家科研机构中，有44家填报了取得的重大科技项目，占机构总数的66.67%。

●**成果研发周期：**不同研发周期的成果中，3~5年的居第1位，占50%（22项）；2~3年的居第2位，占27.27%（12项）；1~2年的居第3位，占13.64%（6项）；5~10年和10年以上的分别占6.82%（3项）、2.27%（1项）。

● **研发累计经费投入：**小于 500 万元的项目占 61.36%（27 项），500 万~1000 万元的项目占 18.18%（8 项），1000 万元以内的项目占 79.55%（35 项）。

● **国际合作情况：**有国际合作情况的成果有 4 项，占成果总数的 9.09%。

（三）机构发展现状与展望

1. 机构面临的主要问题

转为其他类型事业单位的社会公益类科研机构面临的主要问题依次为：（1）人才结构不合理，高层次和高技能人才缺乏；（2）科技创新与服务能力不强；（3）科研评价体系、科研成果转化及激励制度有待完善；（4）国家财政投入支持不够；（5）运行与管理机制效率不高。

2. 机构发展的主要基础

转为其他类型事业单位的社会公益类科研机构发展的主要基础依次为：（1）专业发展方向符合国际科技前沿和国家战略需求；（2）具有稳定的财政支持渠道，可以自主选择研究方向；（3）创新团队基本稳定，对人才具有一定吸引力；（4）国家重点实验室、工程技术研究中心等基础科研平台支撑；（5）科研成果转化潜力较大，市场需求较好。经调查得出此类机构发展的最主要基础是专业发展方向符合国际科技前沿和国家战略需求。

3. 机构当前的工作要点

转为其他类型事业单位的社会公益类科研机构当前工作的要点依次为：（1）加强人才队伍建设，优化人才结构；（2）改革完善运行与管理机制；（3）加大科研基础设施与设备投入；（4）加强科研成果转化能力，逐步融入市场；（5）调整专业领域和发展方向，适应经济社会发展需求。

4. 机构对科技政策的主要需求

转为其他类型事业单位的社会公益类科研机构对科技政策的主要需求由强到弱依次为：（1）对学科与行业基础性科研工作，予以稳定支持；（2）进一步明确公益类院所定位；（3）调整和完善薪酬制度，调动各类人员的积极性；（4）理顺机构体制机制；（5）加强和落实鼓励科技成果转化的各项政策。当前此类机构对科技政策最主要的需求是进一步明确公益类院所定位。

5. 科研机构所办企业情况

（1）所办企业现状

经统计，70家转为其他类型事业单位的社会公益类科研机构中，仅有12家科研机构曾创办过所办企业。按照事业单位所办企业清理规范的要求，截至2016年年底，已有5家科研机构剥离了10家所办企业。另有7家科研机构的10家所办企业处于运行状态。但所办企业因行业性质、创新实力、投资规模、管理效益、国家政策等因素影响，发展情况存在较大差异。

（2）面临的困难和问题

通过分析，转为其他类型事业单位的社会公益类科研机构创办和发展所办企业面临的困难和问题主要有：一是创办和发展企业仍面临"事企不分""产权不明晰"等体制机制障碍；二是管理制度不健全，引人用人制度不灵活，所办企业管理效率不高；三是缺乏专业的经营管理人才，经营管理、市场意识与市场经济发展不相适应；四是所办企业规模小、资金力量不足，产品（或业务）缺乏创新性，无法形成核心竞争力等。

（3）下一步改革意向与政策需求

建议进一步完善"事企分开，产权明晰，职责明确"科研机构创办企业政策；进一步鼓励实行多元化收入分配政策，激励相关人员积极性和创造性；进一步鼓励股份制改革，通过债转股形式处理部分企业历史遗留问题。

6. 落实《促进科技成果转化法》情况

数据显示，70家转为其他类型事业单位的社会公益类科研机构中，已有29家科研机构根据国家《促进科技成果转化法》出台（修订）适合本单位的管理办法或参照国家政策执行，有10家科研机构在国家《促进科技成果转化法》出台前就已经制定了鼓励科技成果转化的相关办法，有25家科研机构不涉及科技成果转化或未落实国家《促进科技成果转化法》，另有6家科研机构未明确回答是否落实国家《促进科技成果转化法》。

第一部分

按非营利机构管理和运行的社会公益类科研机构

2016年对按非营利机构管理和运行的社会公益类科研机构的调查，在调查的101家机构中,中国农业科学院院部、中国农业科学院研究生院、中国医学科学院院部，3家单位主要从事科技管理工作，未被列入调查范围。收回的数据中有效数据96份，现将有关调查数据汇总分析如下。

（一）基本数据调查汇总与分析

1. 人员情况

2016年，按非营利机构管理和运行的社会公益类科研机构中，在职人员24303人，较上年增加了2.58%。

2016年，从事研究开发的人员13009人，从事科技基础性工作的人员为7696人，分别占职工人数的53.53%和31.67%。

与2015年相比，年末在职人员数有一定的增加。其中，从事研究开发人员数、从事生产经营人员数和其他人员数均有一定数量的增长，从事科技基础性工作人员数则略有下降（表1-1）。

表1-1 职工情况 单位：人

年份	年末在职人员数	其中			
		从事研究开发的人员数	从事科技基础性工作的人员数	从事生产经营的人员数	其他人员数
2012	24857	11426	9773	730	2928
2013	24821	12259	9282	713	2567
2014	24668	12594	8661	911	2502

年份	年末在职人员数	其中			
		从事研究开发的人员数	从事科技基础性工作的人员数	从事生产经营的人员数	其他人员数
2015	23692	12450	7756	724	2762
2016	24303	13009	7696	780	2818
2016年增长率	2.58%	4.49%	-0.77%	7.73%	2.03%

2. 机构的规模与不同规模机构的职工分布

（1）不同规模机构的分布

2016年，不同人员规模的非营利科研机构分布情况如下：

50人以下机构4个，占此类机构总数的4.17%；

51~100人的机构12个，占此类机构总数的12.50%；

101~200人的机构30个，占此类机构总数的31.25%；

201~500人的机构43个，占此类机构总数的44.79%；

500人以上的机构7个，占此类机构总数的7.29%；

详见图1-1。

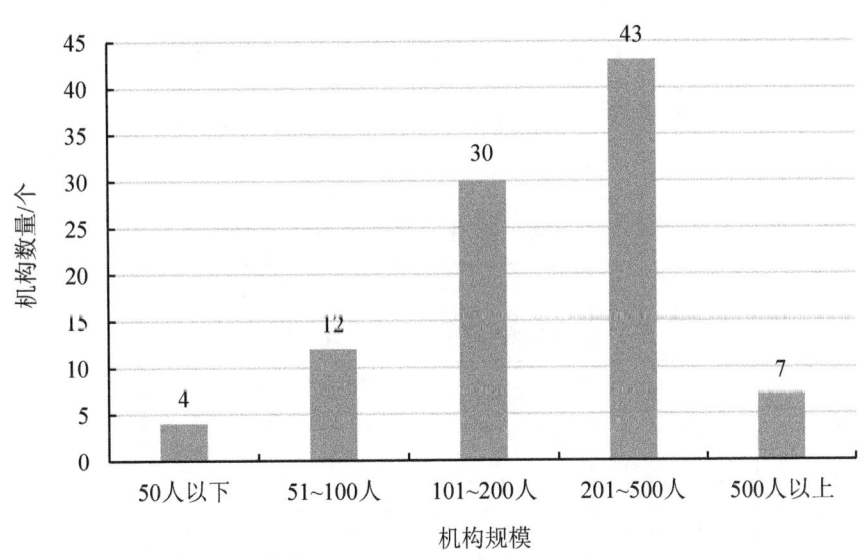

图1-1 2016年按非营利机构管理和运行的社会公益类科研机构不同职工规模的机构分布

（2）不同规模机构中的职工分布

从图 1-2 可以看到，职工主要分布在 201~500 人规模的机构之中。

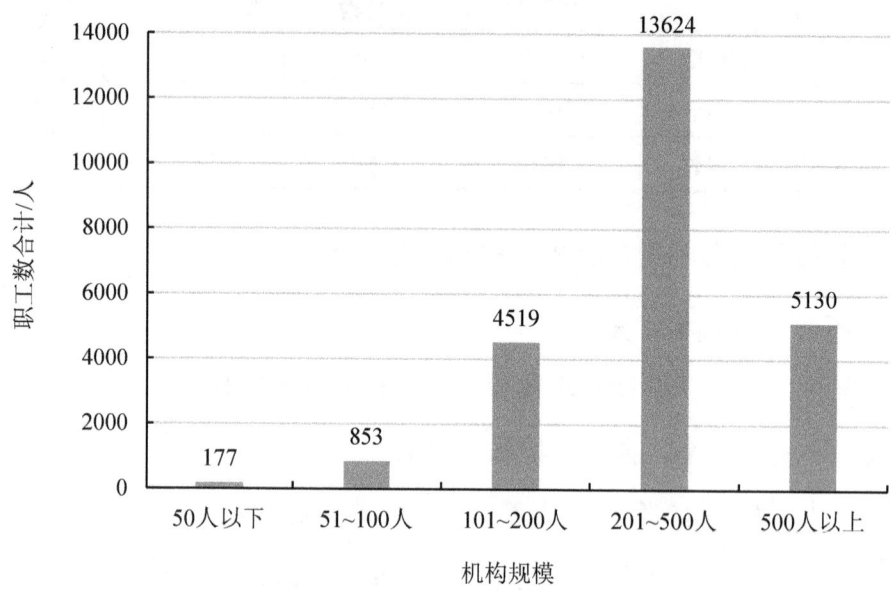

图 1-2 2016 年在不同人员规模非营利公益类科研机构中的职工数

3. 科技人员的年龄结构与学历结构

2016 年，科技人员的年龄结构如下：30 岁以下占 15.87%，30~40 岁占 39.82%，40~50 岁占 22.65%，50 岁以上占 21.66%（表 1-2）。40 岁以下的科技人员数比 40 岁以上的科技人员占比高 11.38%（表 1-3）。科技人员的年龄结构有年轻化的趋势（图 1-3）。

表 1-2 各年龄段的科技人员数　　　　　　　　　　单位：人

年份	合计	年龄结构			
		30 岁以下	30~40 岁	40~50 岁	50 岁以上
2012	21156	3901	7094	6553	3608
2013	21541	3907	7619	6276	3739
2014	21255	3634	7866	5487	4268
2015	20206	3353	7755	4855	4243
2016	20705	3286	8245	4690	4484
2016 年增长率	2.47%	-2.00%	6.32%	-3.40%	5.68%

表1-3 各年龄段科技人员所占比例

年份	30岁以下	30~40岁	40~50岁	50岁以上
2012	18.44%	33.53%	30.97%	17.05%
2013	18.14%	35.37%	29.14%	17.36%
2014	17.10%	37.01%	25.82%	20.08%
2015	17.00%	38.40%	24.00%	21.00%
2016	15.87%	39.82%	22.65%	21.66%

2016年，科技人员的学历结构：博士8114人，硕士6008人，本科4153人，其他2430人（表1-4）。近年来，科技人员的学历结构中，高学历人员所占比例不断上升。2016年，博士、硕士占科技人员的比例，合计已达68.21%（表1-5，图1-3）。

表1-4 各类学历的科技人员数　　　　　　　　　　单位：人

年份	学历结构			
	博士	硕士	本科	其他
2012	6093	5807	5492	3764
2013	6716	6091	5238	3496
2014	7302	6074	4638	3196
2015	7541	5882	4198	2585
2016	8114	6008	4153	2430
2016年增长率	7.60%	2.14%	-1.07%	-6.00%

表1-5 各类学历科技人员所占比例

年份	博士	硕士	本科	其他
2012	28.80%	27.45%	25.96%	17.79%
2013	31.18%	28.28%	24.32%	16.23%
2014	34.35%	28.58%	22.03%	15.04%
2015	37.32%	29.11%	20.78%	12.79%
2016	39.19%	29.02%	20.06%	11.74%

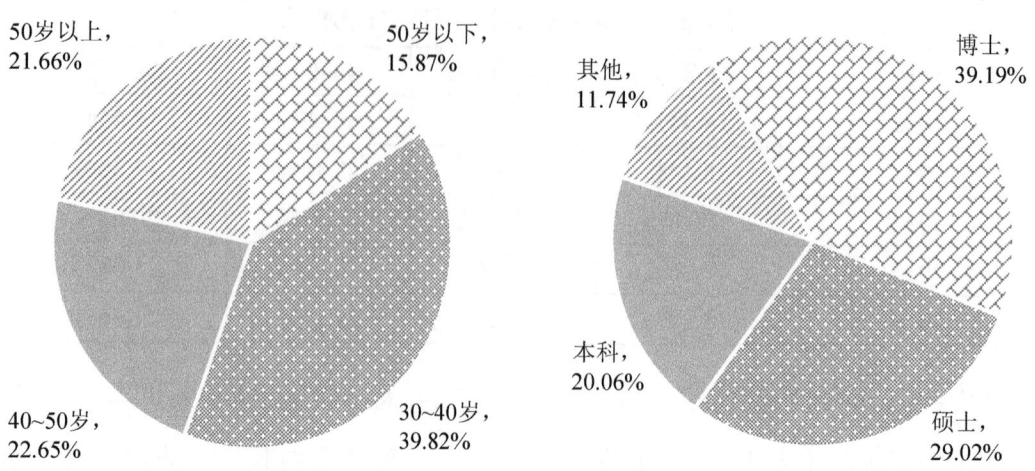

图 1-3　2016 年非营利公益类科研机构科技人员年龄与学历结构

4. 聘用的固定岗位与流动岗位科技人员

（1）固定岗位

2016 年，在按非营利机构管理和运行的社会公益类科研机构从业人员中，2016 年年末在职人员中固定岗位 45 岁以下的人员占 55.24%，具有博士或硕士学历的人员合计占 55.37%。

固定岗位聘用的科技人员，45 岁以下科技人员、硕士、博士和突出贡献专家均较上年均有所增加，"两院院士"有一定的下降（表 1-6）。

表 1-6　聘用的科技人员情况（固定岗位）　　　　单位：人

年份	聘用人员	45 岁以下	硕士	博士	突出贡献专家	两院院士
2012	13908	11489	5363	5847	247	74
2013	14886	13373	5985	6262	233	71
2014	15054	13502	5788	6704	192	76
2015	14583	12911	5686	7054	179	125
2016	14375	13426	6045	7411	181	77
2016 年增长率	-1.43%	3.99%	6.31%	5.06%	1.12%	-38.4%

（2）流动岗位

2016 年，固定岗位与流动岗位人员之比为 1∶0.40（流动岗位五类人员仅按

"人头"合计），较上年的1∶0.34有所下降。表1-7给出了聘用的科技人员情况。

表1-7 聘用的科技人员情况（流动岗位） 单位：人

年份	客座研究人员	访问学者	博士后	研究生	其他
2012	837	116	700	4139	351
2013	746	93	669	3327	162
2014	606	80	685	3591	133
2015	628	87	818	3318	92
2016	596	80	834	4024	197
2016年增长率	-5.10%	-8.05%	1.92%	21.28%	114.13%

5. 人员流动情况

（1）人员引进情况

2016年，引进人员数量较上年有所增加，引进专业人员数占当年在职人员数的5.12%、科技人员数的6.01%（表1-8）。

2016年引进的人员中，新招毕业生占67.95%；新招毕业生中，博士占50.95%、硕士占37.12%、本科占9.57%、其他占2.36%。即新招收的毕业生中，拥有博士、硕士学位的占88.07%。

2016年引进的人员中，国内外招聘人员占17.99%；其中留学归国人员占"国内外招聘人员"的14.29%，占"当年引进人员"的2.57%。引进人员的数量与2015年相比有一定程度的增加。

表1-8 人员引进情况 单位：人

| 年份 | 引进人员合计 | 新招毕业生 | 其中 | | | | 国内外招聘 | 其中 |
			博士	硕士	本科	其他		留学归国
2012	1587	1244	512	504	157	71	202	52
2013	1405	1062	494	460	82	26	236	52
2014	1259	925	477	355	84	9	206	62
2015	1204	886	452	292	114	28	165	43
2016	1245	846	431	314	81	20	224	32

年份	引进人员合计	新招毕业生	其中				国内外招聘	其中
			博士	硕士	本科	其他		留学归国
2016年增长率	3.57%	-4.51%	-4.65%	7.53%	-28.95%	-28.57%	35.76%	-25.58%

（2）人员减少情况

2016年，减少的人员中，退休人员与流出人员所占的比例分别为47.91%和52.09%，分别占当年在职人员数的 2.21%和 2.41%；分别占当年科技人员数的2.60%和2.83%。

流出人员中，博士占34.19%，硕士占26.15%，本科占18.97%，其他占20.68%。

2016年，拥有博士和硕士学历流出的人数，低于同等学力流入的人数（表1-9）。

表1-9　人员减少情况　　　　　　　　　　　　　单位：人

年份	当年人员减少数	当年退休人员数	当年流出人员数	其中			
				当年流出人员按学历分类情况			
				博士	硕士	本科	其他
2012	881	557	324	112	88	67	57
2013	1317	804	513	151	110	52	200
2014	1123	634	489	187	151	109	42
2015	1037	556	481	188	157	83	53
2016	1123	538	585	200	153	111	121
2016年增长率	8.29%	-3.24%	21.62%	6.38%	-2.55%	33.73%	128.30%

6. 离退休人员的数量与费用

（1）离退休人员的数量

2016年，非营利公益类科研机构的离退休人员累计数为19789人，较上年的19765人增长0.12%；离退休人员与在职人员之比为0.81∶1，比上年的0.83∶1有所减少。

离退休人员与在职人员的比例为0.5∶1以下的机构17家，占此类机构总数的 17.71%；

离退休人员与在职人员的比例在（0.5~1）：1 的机构 52 家，占此类机构总数的 54.17%；

离退休人员与在职人员的比例在（1~1.5）：1 的机构 15 家，占此类机构总数的 15.63%；

离退休人员与在职人员的比例在 1.5：1 以上的机构 6 家，占此类机构总数的 6.25%；

另外，有 6 家机构未填报此项数据，占此类机构总数的 6.25%。

（2）离退休人员的费用

2016 年，离退休人员费用合计为 15.80 亿元，较上年增加了 2.13%，占当年"存量事业费"（即事业费减去非营利部分追加的事业费）的 31.67%（表 1-10）。

2016 年，离退休金增长了 0.96%，医疗费增长了 7.05%，而其他费用增长了 8.09%。上述三项费用，分别占离退休人员费用合计的 80.74%、12.70%、6.56%。

2016 年，离退休人员人均年离退休金为 6.39 万元，较 2015 年的人均 6.45 万元有所下降，降幅为 0.93%。

同年，人均年医疗费为 1.01 万元，较 2015 年上升了 656.19 元，增幅为 6.92%。

表 1-10 离退休人员的数量与费用

年份	年末离退休人员数/人	离退休人员费用合计/万元	其中/万元		
			离退休金	医疗费	其他费用
2012	19742	126816.47	103872.38	15232.18	7711.91
2013	19546	123252.72	100504.11	15508.18	7240.43
2014	19714	135514.37	106006.25	19163.75	10344.37
2015	19765	154722.68	126382.67	18747.48	9592.71
2016	19789	158029.91	127592.63	20068.78	10368.5
2016 年增长率	0.12%	2.13%	0.96%	7.05%	8.09%

7. 总收入及构成

（1）总收入

2016 年，非营利公益类科研机构的总收入为 220.56 亿元，较上年减少 14.87%。

调查显示，此类机构总收入 2006 年的增幅为 36.80%、2007 年为 35.20%，属高速增长期；2008 年的增幅为 4.20%，2009 年的增幅为 6.70%，增速有所减缓。2010 年的增幅又达到了 19.80%，2011 年的增幅回落到 6.04%，2012 年的增幅上升至 13.77%，2013 年的增幅下降至 2.70%，2014 年的增幅又上升至 10.61%，2015 年的增幅有很大提升，增幅为 42.45%，2016 年总收入减少，降幅为 14.87%（表 1-11）。

2016 年，非营利公益类机构总收入的构成中，从大到小依次是纵向科技性收入、科学事业费、横向科技性收入、其他财政拨款、修缮购置专项经费、基本建设费、基本科研业务费、其他收入、研究生培养补助经费、增拨离退人员费、产品销售收入（表 1-11）。与上年调查的费用构成情况大体相同（图 1-4）。

纵向科技性收入基数较大，而且增幅较高。从一个侧面反映了此类科研机构研究开发能力、服务市场和经济建设的能力有明显提升。

2016 年，调查新增基本科研业务费、修缮购置专项经费、研究生培养补助经费、增拨离退休人员费四项财政拨款（简称新增四项），合计为 25.56 亿元，占此类科研机构全年总收入的 11.59%。

表 1-11　总收入及构成　　　　　　　　　　单位：亿元

年份	全年总收入	科学事业费	其中 非营利部分追加的事业费	基本科研业务费	修缮购置专项经费	基本建设费	其他财政拨款
2012	160.11	35.61	4.10	5.81	12.80	10.35	10.96
2013	164.43	39.98	4.30	5.59	11.94	8.63	23.23
2014	181.87	45.86	3.91	6.49	12.63	13.25	21.69
2015	259.08	46.49	4.83	5.76	13.15	11.26	23.67

年份	全年总收入	科学事业费	其中 非营利部分追加的事业费	基本科研业务费	修缮购置专项经费	基本建设费	其他财政拨款
2016	220.56	53.33	3.43	10.69	13.29	12.55	27.05
2016年增长率	-14.87%	14.72%	-28.94%	85.68%	1.07%	11.45%	14.31%

年份	研究生培养补助经费	增拨离退休人员费	纵向科技性收入	横向科技性收入	产品销售收入	其他收入
2012	0.92	2.29	51.33	26.15	0.28	3.62
2013	0.80	1.03	46.13	23.13	0.23	3.74
2014	1.02	2.16	49.01	25.34	0.18	5.71
2015	1.09	1.26	46.73	24.51	0.48	6.49
2016	1.05	0.53	64.25	28.79	0.50	8.50
2016年增长率	-3.70%	-58.06%	37.51%	17.46%	4.17%	30.97%

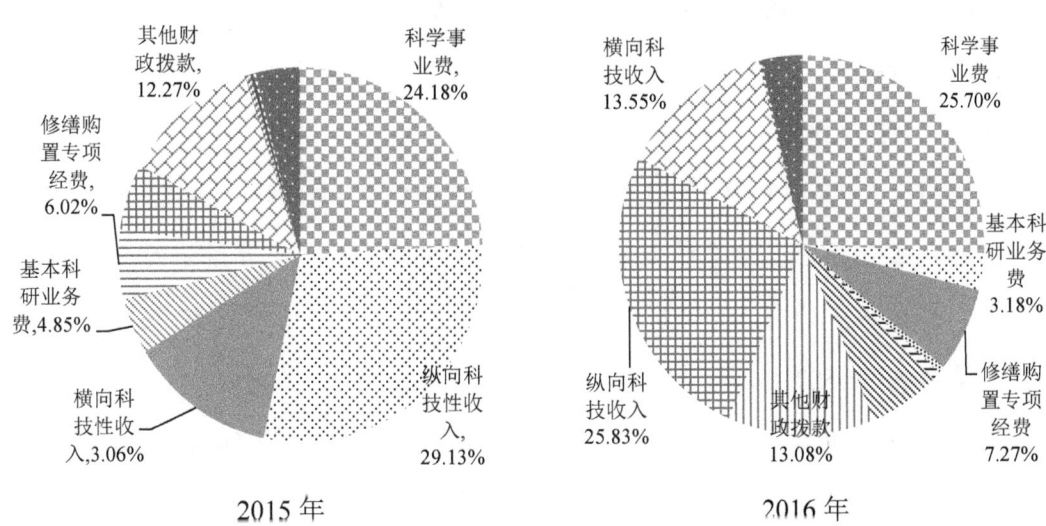

图1-4 非营利公益类科研机构总收入构成

2012年，调查新增基本建设费与其他财政拨款两项指标，2016年基本建设费与其他财政拨款分别为12.55亿元与27.05亿元。

2016年，非营利公益类机构的财政性收入，即科学事业费、新增四项、纵向科技性收入、基本建设费、其他财政拨款合计182.76亿元，占此类机构全年总收入的82.86%。

2016年总收入居前10位的机构是：中国环境科学研究院（11.76亿元）、中国计量科学研究院（9.96亿元）、水利部交通运输部国家能源局南京水利科学研究院（9.66亿元）、中国水利水电科学研究院（9.41亿元）、国家海洋局第一海洋研究所（7.90亿元）、长江水利委员会长江科学院（6.14亿元）、中国农业科学院作物科学研究所（5.82亿元）、国家海洋局第二海洋研究所（5.81亿元）、中国地质科学院矿产资源研究所（5.26亿元）、中国农业科学院植物保护研究所（4.84亿元）。

2016年，包括以上10家机构在内的总收入在2亿元以上的非营利公益类科研机构共有42家，占此类机构总数的43.75%；

1亿~2亿元的机构有22家，占此类机构总数的22.91%；

1000万~1亿元的机构有32家，占此类机构总数的33.33%。

2016年非营利公益类科研机构总收入情况，见附表1-1。

（2）科学事业费

2016年，科学事业费53.33亿元，较上年增长了14.72%。下面从科学事业费额、科学事业费占当年总收入的百分比、人均事业费3个角度进行分析。

——科学事业费在5000万元以上的非营利公益类科研机构有36家，占此类机构总数的37.50%；

2000万~5000万元的机构有36家，占此机构总数的37.50%；

1000万~2000万元的机构有10家，占此机构总数的10.42%；

500万~1000万元的机构有5家，占此机构总数的5.21%；

1万~500万元以下的机构有6家，占此机构总数的6.25%；

没有此项收入的有3家，占此机构总数的3.13%。

——科学事业费占当年总收入40%以上的机构有20家，占此类机构总数的20.83%；

科学事业费占当年总收入 30%～40%的机构有 15 家，占此类机构总数的 15.63%；

科学事业费占当年总收入 20%～30%的机构有 23 家，占此类机构总数的 23.96%；

科学事业费占当年总收入 10%～20%的机构有 30 家，占此类机构总数的 31.25%；

科学事业费占当年总收入 10%以下的机构有 8 家，占此类机构总数的 8.33%。

——人均科学事业费在 10 万元以上的机构有 83 家，占此类机构总数的 86.46%；

人均科学事业费在 5 万～10 万元的机构有 7 家，占此类机构总数的 7.29%；

人均科学事业费在 2 万元以下的机构有 6 家，占此类机构总数的 6.25%。

（3）纵向科技性收入

2016 年，纵向科技性收入 64.25 亿元，较上年增长 37.51%（表 1-12 和图 1-5）。

表 1-12　纵向科技性收入的构成　　　　　　　　　　　　单位：亿元

年份	科技部	主管部门	国防科工局或总装备部	国家其他部门	国家自然科学基金会	地方政府	其他纵向科技性收入
2012	18.27	18.50	0.15	4.54	2.94	1.67	5.27
2013	13.54	16.53	0.44	3.68	3.20	1.86	6.88
2014	11.64	18.86	0.59	3.10	3.51	3.35	6.97
2015	10.52	17.65	0.41	2.74	4.34	3.90	7.15
2016	21.04	21.10	0.40	3.32	5.48	5.07	7.85
2016 年增长率	100.00%	19.55%	-2.43%	21.17%	26.27%	29.98%	9.78%

纵向科技性收入居前 10 位的机构是：国家海洋局第一海洋研究所（4.32 亿元）、国家海洋局第二海洋研究所（3.43 亿元）、中国环境科学研究院（3.21 亿元）、中国农业科学院作物科学研究所（2.98 亿元）、中国医学科学院基础

医学研究所（2.95 亿元）、中国农科院农业资源与农业区划研究所（2.52 亿元）、国家海洋局第三海洋研究所（2.28 亿元）、中国地质调查局水文地质环境地质调查中心（2.08 亿元）、水利部交通运输部国家能源局南京水利科学研究院（1.90 亿元）、中国林业科学研究院林业研究所（1.75 亿元）。

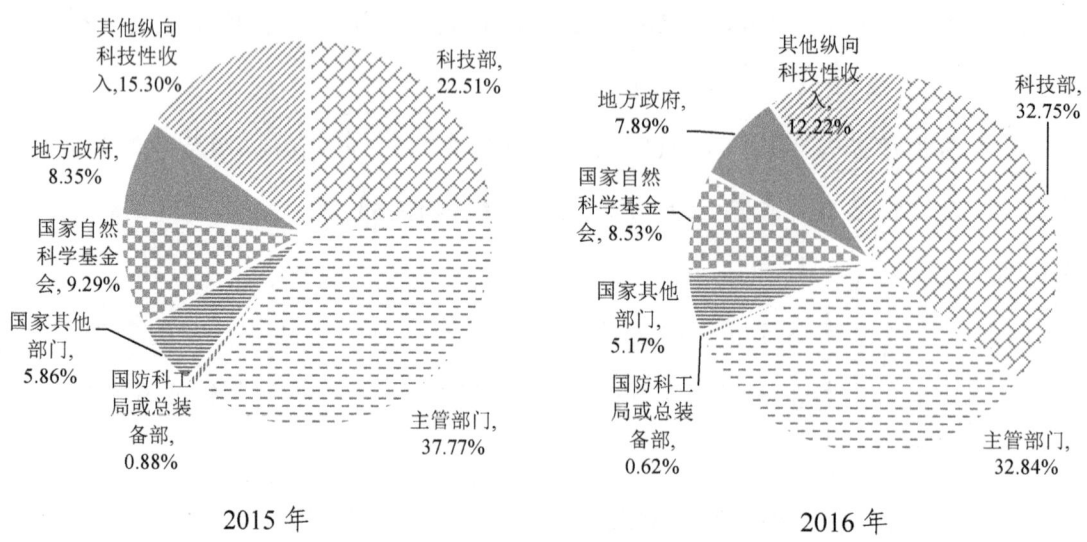

图 1-5　非营利公益类科研机构纵向科技性收入的构成

包括以上 10 家机构在内的此项收入在 5000 万元以上的非营利公益类科研机构共 36 家，占此类机构总数的 37.50%；

2000 万～5000 万元的非营利公益类科研机构有 24 家，占此类机构总数的 25.00%；

1000 万～2000 万元的机构有 15 家，占此类机构总数的 15.63%；

500 万～1000 万元的机构有 10 家，占此类机构总数的 10.42%；

100 万～500 万元的机构有 8 家，占此类机构总数的 8.33%；

100 万元以下的机构有 0 家；

没有此项收入的机构有 3 家，占此类机构总数的 3.13%。

2016 年非营利公益类科研机构纵向科技性收入情况，见附表 1-2。

（4）横向科技性收入

2016年，横向科技性收入28.79亿元，较上年增加17.46%（表1-13和图1-6）。

表1-13 横向科技性收入的构成 单位：亿元

年份	技术开发收入	技术转让收入	技术咨询收入	技术服务收入	其他
2012	3.05	2.41	4.94	11.49	4.26
2013	3.05	2.23	2.91	12.48	2.45
2014	2.71	2.42	3.54	14.54	1.62
2015	3.31	2.72	4.01	12.57	1.90
2016	2.49	2.62	4.35	16.89	2.43
2016年增长率	-24.79%	-3.66%	8.48%	34.36%	27.89%

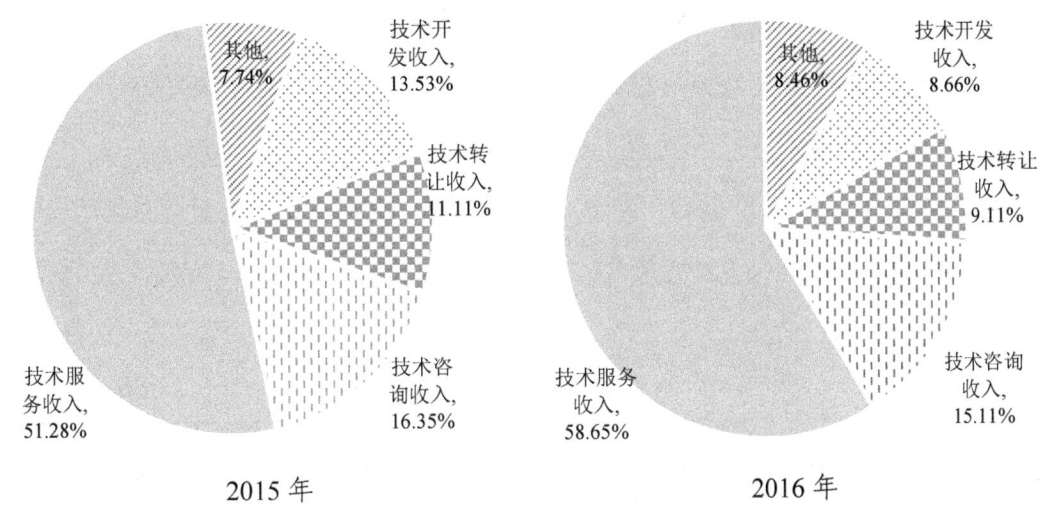

图1-6 非营利公益类科研机构横向科技性收入的构成

横向科技性收入居前10位的机构是：水利部交通运输部国家能源局南京水利科学研究院（3.42亿元）、中国计量科学研究院（3.23亿元）、长江水利委员会长江科学院（3.17亿元）、中国水利水电科学研究院（3.04亿元）、哈尔滨兽医研究所（2.02亿元）、环境保护部南京环境科学研究所（1.43亿元）、国家海洋局第二海洋研究所（1.02亿元）、中国标准化研究院（0.77亿元）、黄河水利委员会黄河水利科学研究院（0.77 亿元）、中国农业科学院植物保护研究所（0.68 亿元）。

包括以上 10 家机构在内的此项收入在 5000 万元以上的非营利公益类科研机构有 11 家，占此类机构总数 11.46%；

1000 万~5000 万元的非营利公益类科研机构有 29 家，占此类机构总数的 30.21%；

500 万~1000 万元的非营利公益类科研机构有 17 家，占此类机构总数的 17.71%；

100 万~500 万元的非营利公益类科研机构有 17 家，占此类机构总数的 17.71%；

100 万元以下的非营利公益类科研机构有 8 家，占此类机构总数的 8.33%；没有此项收入的机构有 14 家，占此类机构总数的 14.58%。

2016 年非营利公益类科研机构横向科技性收入情况，见附表 1-3。

8. 资产与税金

2016 年，非营利公益类科研机构的资产总额、净资产、上缴税金三项指标，分别为 444.78 亿元、298.72 亿元、3.28 亿元，分别比上年增长 4.20%、-6.06%、5.72%（表 1-14）。

表 1-14　资产与上缴税金　　　　　单位：亿元

年份	资产总额	其中 科研仪器设备	净资产	上缴税金
2012	360.27	100.47	266.77	2.54
2013	428.58	123.36	332.74	2.89
2014	428.81	113.53	315.12	3.13
2015	426.85	138.05	317.99	3.11
2016	444.78	130.96	298.72	3.28
2016 年增长率	4.20%	-5.13%	-6.06%	5.72%

净资产率（净资产/资产总额）为 67.16%，较上年的 74.50% 下降 7.34%。

其中，净资产率在 80%以上的非营利公益类科研机构有 37 家，占此类机构总数的 38.54%；

在 70%~80%有 19 家，占此类机构总数的 19.79%；

在 50%~70%有 19 家，占此类机构总数的 19.79%；

在 50%以下有 18 家，占此类机构总数的 18.75%；

有 3 家没有此项数据，占此类机构总数的 3.13%。

9. 人均年货币收入

本书调查中的人均年货币收入包括固定工资、浮动工资、奖金、补贴等各类税前货币性收入；不包括单位为职工缴纳的各种费用，如住房公积金、各类保险费等。

2016 年，非营利公益类科研机构职工的收入水平继续稳步提高。

职工人均年货币收入 3 万元以上的机构 78 家，占此类机构总数的 81.25%；

4 万元以上的机构 77 家，占此类机构总数的 80.21%；

5 万元以上的机构 77 家，占此类机构总数的 80.21%；

6 万元以上的机构 76 家，占此类机构总数的 79.17%；

8 万元以上的机构 73 家，占此类机构总数的 76.04%；

10 万元以上的机构 62 家，占此类机构总数的 64.58%（表 1-15）。

表 1-15 2006—2016 年不同档次"职工人均年货币收入"机构比例的变化

年份	3 万元以上	4 万元以上	5 万元以上	6 万元以上	8 万元以上	10 万元以上
2006	85.60%	65.00%	36.10%	—	—	—
2007	91.00%	78.00%	56.00%	35.00%	—	—
2008	94.00%	80.00%	64.00%	46.00%	—	—
2009	89.40%	83.00%	71.30%	53.20%	—	—
2010	98.00%	90.80%	79.20%	62.20%	30.60	9.20%
2011	96.94%	94.90%	83.67%	72.45%	42.58%	21.43%
2012	98.98%	97.96%	83.67%	84.69%	50.00%	28.57%
2013	90.82%	90.82%	89.80%	83.67%	56.12%	34.69%
2014	100.00%	100.00%	100.00%	97.96%	75.51%	52.04%

年份	3万元以上	4万元以上	5万元以上	6万元以上	8万元以上	10万元以上
2015	83.33%	83.33%	83.33%	82.29%	72.92%	60.42%
2016	81.25%	80.21%	80.21%	79.17%	76.04%	64.58%

说明：自2008年的调查开始，本表增列了"6万元以上"一档；自2012年的调查开始，则增加了8万元以上、10万元以上两档。

10. 进口科教用品

2016年，调查新增进口科教用品这一项指标，其中分为进口额和免税额两项指标，进口额为14776.30万元，免税额为5101.72万元。

2016年，填写了进口额这一指标的机构共16家，非营利公益类科研机构中填报进口额这一指标的单位的详细情况见附表1-4。

2016年，填写了免税额这一指标的机构共13家，非营利公益类科研机构中填报免税额这一指标的单位的详细情况见附表1-5。

11. 主要科技产出

2016年，非营利公益类科研机构的主要科技产出指标中，获国家级科技奖励数、获省部级科技奖励数、获行业科技奖励数、博士及硕士研究生培养数这些指标较上年都有所下降。

2016年，获国家级科技奖励的机构有26家，占此类机构总数的27.08%；

获省部级科技奖励的机构有64家，占此类机构总数的66.67%；

获行业科技奖励的机构有34家，占此类机构总数的35.42%；

申报专利的机构73家，占此类机构总数的76.04%；

获专利授权的机构76家，占此类机构总数的79.17%；

获发明专利授权的机构71家，占此类机构总数的73.96%；

培养了博士研究生的机构53家，占此类机构总数的55.21%；

培养了硕士研究生的机构61家，占此类机构总数的63.54%；

发表论文的机构94家，占此类机构总数的97.92%；

有专著出版的机构72家，占此类机构总数的75.00%。

表1-16 主要科技产出之一

年份	完成科研项目数/项	获国家级科技奖励数/项	获省部级科技奖励数/项	获行业科技奖励数/项	发表论文/篇	出版专著/部
2012	4620	50	—	183	14769	508
2013	5051	44	—	194	14688	561
2014	5379	29	—	158	16000	724
2015	6693	61	304	209	15568	622
2016	6799	49	266	163	16023	670
2016年增长率	1.58%	-19.67%	-12.50%	-22.01%	2.92%	7.72%

表1-17 主要科技产出之二

年份	专利			研究生培养	
	申报数/件	授权数/件	其中发明专利/件	博士/人	硕士/人
2012	1745	1289	845	799	2221
2013	2180	1790	960	768	1911
2014	2291	1871	1058	993	2041
2015	2853	2271	1179	1020	2101
2016	2854	2561	1267	787	1793
2016年增长率	0.04%	12.77%	7.46%	-22.84%	-14.66%

另外，附表1-6给出了非营利公益类科研机构调查数据的汇总情况。

（二）完成的重大科技项目

共有51家科研机构填报了本机构2016年完成的重大科技项目51项（一所一项），占此类机构总数的53.12%（表1-20）。

1. 重大科技成果

——研发周期

表1-20中，研发周期分为A~E 5个档。通过表1-18可以看出，不同研发周期所取得的重大科技成果，10年以上、5~10年、3~5年的分别居前3位，而研发周期较短的2~3年和1~2年的成果都比较少。可见非营利公益类科研机构重

大科技成果的取得，研发周期普遍较长。

表 1-18 重大科技成果研发周期汇总

研发周期	项目数/项	占比
1～2 年	1	1.96%
2～3 年	4	7.84%
3～5 年	11	21.57%
5～10 年	14	27.45%
10 年以上	21	41.18%

——累计研发经费投入

表 1-20 中，研发累计经费投入分为 a～f 6 个档。通过表 1-19 可以看出，在不同研发经费投入的成果中，小于 500 万元的占 33.33%，500 万～1000 万元的占 33.33%，两者合计为 66.67%。可见重大科技成果中大多数投入的经费并不是很多。

表 1-19 重大科技成果累计经费投入汇总

累计经费投入	项目数/项	占比
小于 500 万元	17	33.33%
500 万～1000 万元	17	33.33%
1000 万～2000 万元	4	7.84%
2000 万～5000 万元	9	17.65%
5000 万～1 亿元	4	7.84%

——国际合作情况

由表 1-20 可知，国际合作项目为 10 项，占总项目数的 19.61%，相对较高。

2. 重大科技成果汇总

重大科技成果汇总具体见表 1-20。表 1-20 给出了重大科技成果填报单位的机构名称、项目名称、研发周期、经费投入和国际合作情况。

表1-20 按非营利机构管理和运行的社会公益类科研机构重大科技成果汇总

机构名称	项目名称	研发周期 A	B	C	D	E	经费投入 a	b	c	d	e	f	国际合作
中国医学科学院药用植物研究所	中草药DNA条形码物种鉴定体系					√							√
中国农业科学院北京牧医兽医研究所	节粮优质抗病黄羽肉鸡新品种培育与应用				√			√					
中国气象科学研究院	我国持续性重大天气异常形成机理与预测理论和方法研究			√						√			
中国农业科学院植物保护研究所	农药高效低风险技术体系创建与应用				√	√	√						
中国地质科学院地球物理地球化学勘查研究所	国家重大科学仪器设备开发专项"大深度三维电磁探测技术工程化开发"					√			√				
中国地震局工程力学研究所	大型复杂结构在线混合试验关键技术与应用					√	√				√		√
中国医学科学院放射医学研究所	瘤靶向多肽纳米纤维作为疏水性抗肿瘤药物载体的研究		√										
中国热带农业科学院橡胶研究所	橡胶产量形成核心环节——乳管蔗糖代谢调控研究					√	√						
国家海洋局第三海洋研究所	海洋松烷烃的微生物降解的分子机理					√	√						
中国林业科学研究院亚热带林业研究所	国外松遗传改良技术体系与良种繁育应用					√		√					
水利部 交通运输部 国家能源局南京水利科学研究院	复杂水工混凝土结构服役性态诊断技术与实践					√		√					

机构名称	项目名称	研发周期					经费投入						国际合作
		A	B	C	D	E	a	b	c	d	e	f	
长江水利委员会长江科学院	膨胀土边坡破坏机理与关键技术研究及在大型输水工程中的应用				√		√						
中国气象局武汉暴雨研究所	边界层风廓线气象雷达研制及组网应用技术			√				√					
国家地质实验测试中心	波谱-能谱复合型 X 射线荧光光谱仪整机研发			√						√			
中国地质科学院	大别山东段深部探测与找矿突破					√							
中国水产科学研究院黄海水产研究所	刺参规模化繁育与养殖模式创建及其产业化推广				√			√					
中国农业科学院棉花研究所	多抗稳产棉花新品种中棉所 49 的选育技术及应用					√			√				
中国地震局地震预测研究所	地震预测研究所 2012—2014 年度地震趋势预测及震情跟踪研究		√										
中国水产科学研究院东海水产研究所	银鲳全人工繁育及养殖关键技术及应用		√			√		√					
国家新闻出版广电总局广播科学研究院	NGB 总体技术和标准体系及业务系统关键技术研究			√							√		
中国地质科学院岩溶地质研究所	多技术方法相结合,破解岩溶塌陷监测难题			√				√					
中国医学科学院医学实验动物研究所	艾滋病、病毒性肝炎、结核病及其他新发突发传染病实验动物的研究								√				

机构名称	项目名称	研发周期					经费投入						国际合作
		A	B	C	D	E	a	b	c	d	e	f	
中国测绘科学研究院	国家电子政务协同式空间决策服务关键技术与应用												√
中国气象局兰州干旱气象研究所	农田水分利用效率对气候变化的响应与适应技术			√		√	√			√			
国家海洋局第一海洋研究所	全球高分辨密率海洋耦合模式研发与应用					√							√
中国气象局上海台风研究所	台风多源数据分析及应用示范			√									√
中国水产科学研究院黑龙江水产研究所	哲罗鱼全人工繁殖和养殖技术体系构建					√	√						
中国地震局地壳应力研究所	大地震灾害救援现场关键环节标准工作程序及其管理系统研发			√									
黄河水利委员会黄河水利科学研究院	小浪底水库淤积形态优选与调控的理论及关键技术					√	√						
中国农科院农业资源与农业区划研究所	南方低产水稻土改良与地力提升关键技术					√		√					
中国水稻研究所	超级专用早稻中嘉早17的选育与应用-浙江省一等奖				√	√	√						
国家粮食局科学研究院	重大杂粮主食产品创制关键技术与产业化应用					√	√						
中国中医科学院中药研究所	基于中医临床转化的中药创新品种研发		√							√			
中国农业科学院作物科学研究所	小麦高产创建技术集成与示范推广				√		√						

机构	项目名称	研发周期					经费投入						国际合作
		A	B	C	D	E	a	b	c	d	e	f	
中国地质科学院矿产资源研究所	中国东部板内燕山期大规模成矿动力学模型					√	√						√
中国地质调查局水文地质环境地质调查中心	全国二氧化碳地质储存潜力评价与关键技术			√							√		
中国气象局成都高原气象研究所	南亚高压对长江上游川渝地区旱涝灾害影响研究			√			√						
国家海洋局第二海洋研究所	近海潮能与潮波浪能开发关键技术				√				√				
中国水产科学研究院淡水渔业研究中心	团头鲂循环水健康高效养殖关键技术研究与集成示范				√			√					
中国水利水电科学研究院	长距离输水工程水力控制理论与关键技术			√	√			√					
中国农业科学院油料作物研究所	油料功能脂质高效制备关键技术与产品创制				√			√					
中国气象局沈阳大气环境研究所	主要农业气象灾害发生规律及预警和评估机制研究					√	√						
中国医学科学院药物研究所	化学药物晶型关键技术体系的建立与应用					√	√						
中国农业科学院草原研究所	我国北方草地害虫及毒草生物防控技术推广与应用						√						
中国热带农业科学院热带生物技术研究所	海南黄花梨生物活性成分的研究与创新利用				√								

机构	项目名称	研发周期					经费投入						国际合作
		A	B	C	D	E	a	b	c	d	e	f	
中国林业科学研究院资源昆虫研究所	观赏蝴蝶规模化人工养殖及蝴蝶自然景观构建关键技术					√		√					
农业部环境保护科研监测所	退化草地植被恢复与重建技术集成与推广应用				√		√						
中国计量科学研究院	新一代国家时间频率基准的关键技术与应用					√							
中国林业科学研究院资源信息研究所	人工林多功能经营技术体系				√			√					√
中国医学科学院病原生物学研究所	基于宏基因组学的新型病原体组合筛查鉴定实用技术体系及应用				√					√			√
中国农业科学院生物技术研究所	重组杆状病毒表达及α-干扰素生产应用安全证书获批					√		√					

注:

研发周期: A 为 1~2 年, B 为 2~3 年, C 为 3~5 年, D 为 5~10 年, E 为 10 年以上。

经费投入: a 为小于 500 万元, b 为 500 万~1000 万元, c 为 1000 万~2000 万元, d 为 2000 万~5000 万元, e 为 5000 万~1 亿元, f 为 1 亿元以上。

以上两项的填报方法都是根据自身情况选择一打 "√"。

国际合作中, 标有 "√" 的, 为国际合作项目。

（三）发展现状与展望

调研中，各机构对每个问题所列的 5 个选项按重要程度依次用 "1、2、3、4、5" 进行标记排序。在统计过程中，为更直观地反映问卷结果，我们给标记 "1、2、3、4、5" 顺序的内容分别赋值 5 分、4 分、3 分、2 分、1 分，然后对相关内容赋分累加计算，总分最多的一项是大多数机构认为排在第 1 位的最主要问题。

1. 本机构面临的主要问题

在收回的 96 份有效问卷中，均对本机构面临的主要问题进行了排序。经计算，各问题得分由高到低依次为：人才结构不合理，高层次和高技能人才缺乏（343 分）；科研评价体系、科研成果转化及激励制度有待完善（319 分）；国家财政投入支持不够（284 分）；科技创新与服务能力不强（251 分）；运行与管理机制效率不高（233 分）。此类科研机构当前面临最主要的问题是人才结构不合理，高层次和高技能人才缺乏（图 1-7）。多家机构表示，国家级科研领军人才培养及引进工作效果不明显，中青年学科带头人出现不同程度的"断层"，影响了科技创新能力的提升和科研成果的转化。

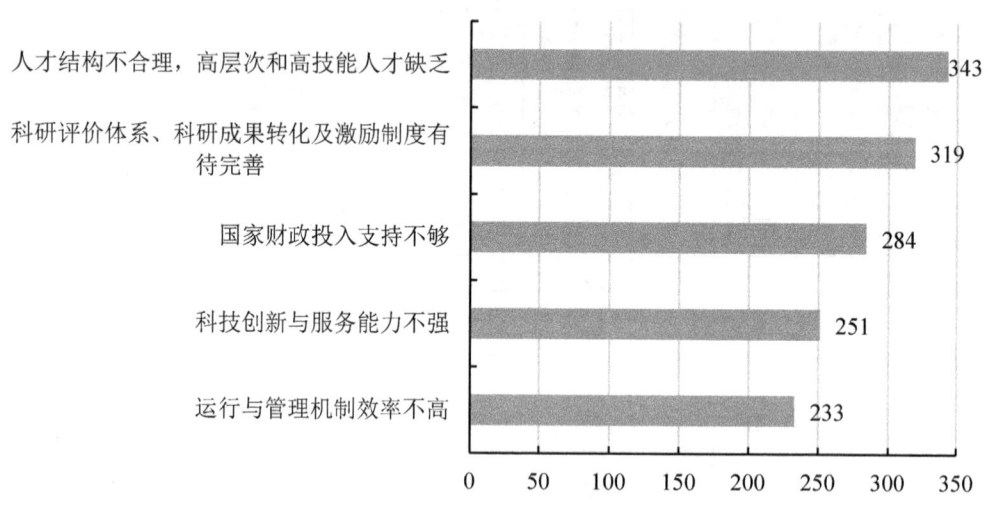

图 1-7 本机构面临的主要问题排序得分汇总（单位：分）

2. 本机构发展的主要基础

在收回的 96 份有效问卷中,均对本机构发展的主要基础进行了排序。经计算,发展的主要基础得分由高到低依次为:专业发展方向符合国际科技前沿和国家战略需求(423 分);具有稳定的财政支持渠道,可以自主选择研究方向(316 分);国家重点实验室、工程技术研究中心等基础科研平台支撑(252 分);创新团队基本稳定,对人才具有一定吸引力(237 分);科研成果转化潜力较大,市场需求较好(206 分)(图 1-8)。此类机构发展的最主要基础是专业发展方向符合国际科技前沿和国家战略需求,开展协作创新研究,努力打造代表国家水准、具有世界影响、经得起实践和历史检验的优秀成果。

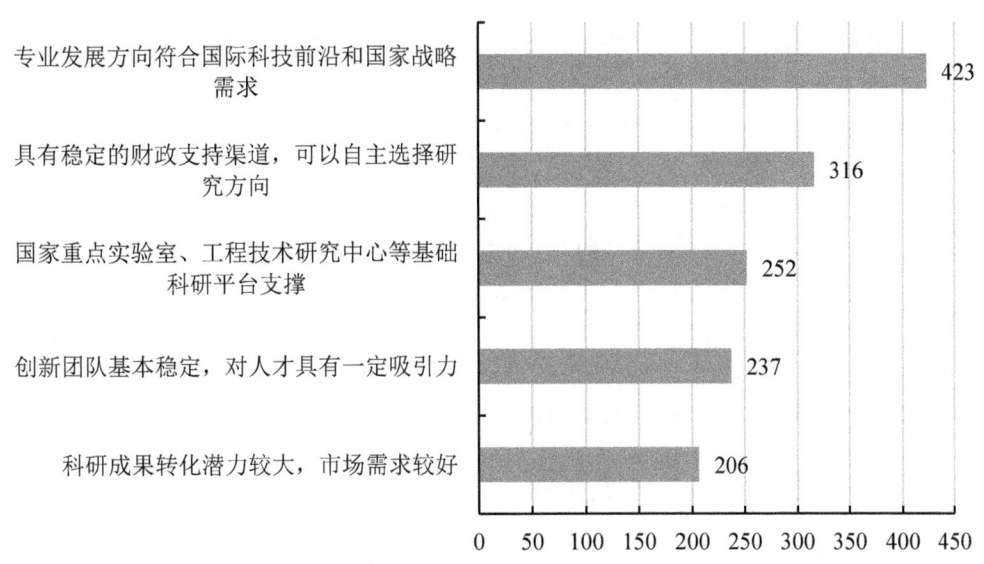

图 1-8 本机构发展的主要基础排序得分汇总(单位:分)

3. 本机构当前的工作要点

在收回的 96 份有效问卷中,均对本机构当前的工作要点进行了排序。经计算,各工作要点得分由高到低依次为:加强人才队伍建设,优化人才结构(382 分);改革完善运行与管理机制(298 分);加强科研成果转化能力,逐步融入市场(269 分);调整专业领域和发展方向,适应经济社会发展需求(268 分);

加大科研基础设施与设备投入（220分）（图1-9）。当前此类科研机构最主要的工作是加强人才队伍建设，优化人才结构。针对人才结构失衡和高层次领军人才缺乏的突出问题，此类机构目前着力培养和引进一批在国内外有影响的科研领军人才和学科带头人；围绕优势、特色研究领域，组建和打造一批高水平的科研团队，为科研能力提升和一流学科加设提供人才支撑和保障。

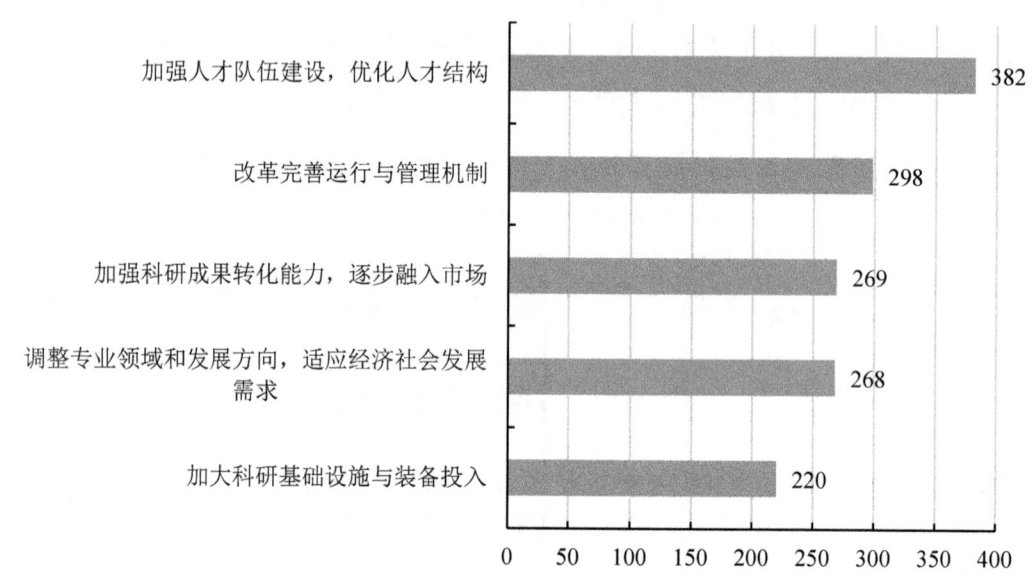

图1-9　本机构当前工作要点排序得分汇总（单位：分）

4. 本机构对科技政策的主要需求

在收回的96份有效问卷中，均对本机构对科技政策的主要需求进行了排序。经计算，科技政策的主要需求得分由高到低依次为：调整和完善薪酬制度，调动各类人员的积极性（326分）；对学科与行业基础性科研工作，予以稳定支持（317分）；进一步明确公益类院所定位（293分）；理顺机构体制机制（261分）；加强和落实鼓励科技成果转化的各项政策（203分）。此类科研机构当前对科技政策的最主要需求是调整和完善薪酬制度，调动各类人员的积极性。科研人员潜心科研的保障机制还不健全，分类考核评价、激励机制仍需进一步完善。一方面期待更多更为专业的人才加入；另一方面希望有更好的福利待遇政策,以期能够更好地留住人才。另外,此类机构对科技政策的主要需求还体现在对学科与行业基础性科研工作,予以稳定支持。非营利公益类科研机构一些学科和行业性基础性科研成果的取得,研发周期,科研转化普遍较长,需要从政策、人员、经费等方面予以稳定支持。

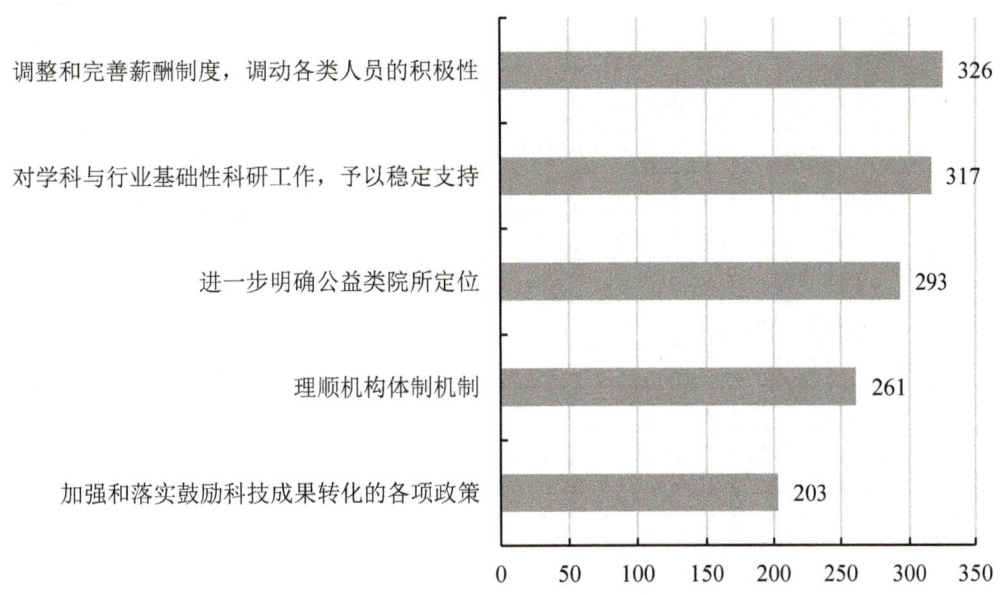

图1-10 本机构对科技政策的主要需求排序得分汇总(单位:分)

5. 科研机构所办企业情况

(1)所办企业现状

经统计,96家按非营利机构管理和运行的社会公益类科研机构中,有46家科研机构曾经创办过所办企业。截至2016年底,按照事业单位所办企业清理规范的要求,已有10家科研机构剥离了所办企业18家,同时对部分科研机构因各类原因注销了所办企业(数据不详);另有27家科研机构的99家所办企业因运行状况良好或符合国家战略发展需求等,仍在运行。其中,水利部交通运输部国家能源局南京水利科学研究院、中国标准化研究院和国家海洋局天津海水淡化与综合利用研究所3家科研机构的所办企业达30家,占27家科研机构所办企业仍在运行的企业的1/3左右。

表1-21 非营利公益类科研机构所办企业存量状态

排名	机构名称	现存企业数/家
1	水利部交通运输部国家能源局南京水利科学研究院	12
2	中国标准化研究院	10
3	国家海洋局天津海水淡化与综合利用研究所	8
4	中国林业科学研究院亚热带林业研究所	7
5	中国林业科学研究院（院部）	7
6	中国测绘科学研究院	6
7	中国医学科学院药物研究所	6
8	中国水产科学研究院东海水产研究所	5
9	中国地震局工程力学研究所	4
10	国家海洋局第三海洋研究所	4
11	中国民航科学技术研究院	4
12	中国计量科学研究院	4
13	国家粮食局科学研究院	3
14	中国林业科学研究院热带林业研究所	3
15	中国水产科学研究院南海水产研究所	2
16	国家新闻出版广电总局广播科学研究院	2
17	中国水利水电科学研究院	2
18	中国农业科学院北京畜牧兽医研究所	1
19	中国地质科学院地球物理地球化学勘查研究所	1
20	中国热带农业科学院南亚热带作物研究所	1
21	中国热带农业科学院院本部	1
22	哈尔滨兽医研究所	1
23	中国医学科学院医学信息研究所	1
24	黄河水利委员会黄河水利科学研究院	1
25	中国热带农业科学院环境与植物保护研究所	1
26	中国林业科学研究院资源昆虫研究所	1
27	中国农业科学院兰州畜牧与兽药研究所	1

典型案例：

中国水产科学研究院东海水产研究所现有上海东海水产科技开发公司、上海海昌实业发展总公司2家全资企业；福建省华龙饲料技术开发集团公司、杭州千岛湖鲟龙科技股份有限公司和上海海大科技园管理有限公司3家参股企业。

上海东海水产科技开发公司成立于1991年，注册资金为人民币50万元。

主要从事网具新材料、深水网箱防附着材料的科技研究开发。主要任务是配合中国水产科学研究院东海水产研究所捕捞室科研活动，做好渔具、渔用增强聚乙烯及其功能材料中试。上海海昌实业发展总公司成立于1994年，注册资金为人民币200万元。按照当时规划，该公司是作为中国水产科学研究院东海水产研究所对外投资的窗口，同时肩负所对外投资企业的管理职能，自身已不参与市场经营。

杭州千岛湖鲟龙科技股份有限公司是一家由中国水产科学研究院、杭州千岛湖发展有限公司、中国水产科学研究院东海水产研究所、浙江省水产技术推广总站，以及外商和主要经营者共同出资，于2003年创建的高科技企业。经过多年的增资扩股工作，其中中国水产科学研究院东海水产研究所出资375余万元，占公司6.15%股份。该公司主要利用水科院的科技力量在千岛湖良好的水环境发展鲟鱼养殖，苗种繁育以及鲟鱼子酱加工等业务。上海海大科技园管理有限公司由5家股东单位组成，中国水产科学研究院东海水产研究所出资170万元，占公司17%股份。经过十多年的发展，已形成包括创业苗圃、科技企业孵化器、科技创新平台和投融资服务平台的企业服务体系。目前，园区入驻企业400余家，注册资金1000余万元，带动就业近千人。2013年，上海海大科技园被科技部、教育部命名为"国家大学科技园"。福建省华龙饲料技术开发集团公司，中国水产科学研究院东海水产研究所在其成立初期出资1万元，占公司股份0.05%。

（2）面临的困难和问题

通过分析，按非营利机构管理和运行的社会公益类科研机构创办和发展所办企业面临的困难和问题主要集中在以下几个方面。

一是国家相关规定、国有资产管理政策与创办和发展所办企业机制不协调。部分科研机构在调研中指出，其所办企业的负责人由研究所领导干部担任，这有利于企业的管理、决策和经营。尽管国家新修订的《促进科技成果转化法》

和相关部委出台的相应管理办法，都鼓励领导干部在企业兼职，但《关于进一步规范党政领导干部在企业兼职（任职）问题的意见》（中组发〔2013〕18号）第一条规定："现职和不担任现职但未办理退（离）休手续的党政领导干部不得在企业兼职（任职）。"

二是所办企业体制机制不健全，存在"事企不分"问题，如引人用人政策不灵活、企业管理制度不完善、创新激励不足等。相关机构在调研中指出，该科研机构创办的企业职工全部为该科研机构在编职工，典型的"两块牌子，一套人马"，有效的法人治理结构尚未建立，管理手段有待改进，业务力量相对不足。

三是优秀、专业的职业经理人缺乏，所办企业资源配置和使用效益低。相关机构在调研中指出，该科研机构创办的企业还未建立现代化的企业制度，高层次管理和技术人才内部分布不均衡，市场营销能力尚需进一步加强；部分领域资质等级偏低；部分企业生产条件、能力和装备不足等。

四是企业规模小、资金力量不足，产业链条不完善、产品创新性缺乏，很难在市场上形成核心竞争力。相关机构在调研中指出，该科研机构创办的企业都是小微型企业，规模小、资金不足、技术力量不强，缺少专业产业经营管理和销售人员，造成经营成本大，利润空间小；企业人才队伍不稳定。

（3）下一步改革意向与政策需求

为推动社会公益类科研机构所办企业的发展，相关科研机构结合自身特色和发展实际，围绕下一步发展目标，提出了相应的政策建议或意见。

部分科研机构建议，出台鼓励科研院所创办企业政策；按照事企相依的原则，明确责任，促进科研成果的转化；按照事企分开的原则，明晰产权，理顺事业单位和所办企业的关系，用制度来规范所办企业的经营行为，优化资源配置，确保事业单位国有资产保值、增值。

建议加强和完善事业单位所办企业的管理监督机制，实现企业的自主经营与有效监管的有机结合,做到监管到位。

建议建立健全的科技产业人才的激励机制,鼓励专业技术人员科技创新活力和干事创业的热情,促进人才在事业单位和企业间合理流动,营造有利于创新创业的政策和制度环境。

建议把建立产业发展的体制和机制放在首位,推进企业的公司治理结构优化,按现代企业管理要求,促进企业管理的社会化和市场化。

6. 落实《促进科技成果转化法》情况

数据显示,围绕落实国家《促进科技成果转化法》,68家社会公益类科研机构都出台(修订)了适合本单位的管理办法,占此类机构总数的70.1%。

另外,19家科研机构明确回答本单位不涉及科技成果转化或未落实,另有9家未明确回答是否落实。

典型案例:

中国地质科学院地球物理地球化学勘查研究所,根据《中华人民共和国促进科技成果转化法》、《实施〈中华人民共和国促进科技成果转化法〉若干规定》和《国土资源部促进科技成果转化暂行办法》等,完成了《物化探所科技成果转化实施办法》的起草工作,并将科技转化收入纳入该单位绩效考核体系。研究所先后出台的《物化探所科研奖惩实施细则(试行)》《关于鼓励科研人员发表论著的决定》《物化探所技术业务部门绩效工资管理暂行办法》等激励措施,将科技人员在科技成果转化中开展技术咨询、技术服务收入纳入绩效工资核定指标体系,将成果转化净收入的60%留存单位,40%左右用于奖励科技人员,并在绩效工资中予以体现。

（四）附表

附表 1-1　2016 年非营利公益类科研机构总收入情况

排名	机构名称	总收入/万元
1	中国环境科学研究院	117595
2	中国计量科学研究院	99610
3	水利部交通运输部国家能源局南京水利科学研究院	96598
4	中国水利水电科学研究院	94062
5	国家海洋局第一海洋研究所	79000
6	长江水利委员会长江科学院	61351
7	中国农业科学院作物科学研究所	58243
8	国家海洋局第二海洋研究所	58106
9	中国地质科学院矿产资源研究所	52603
10	中国农业科学院植物保护研究所	48385
11	哈尔滨兽医研究所	47523
12	中国医学科学院基础医学研究所	42070
13	国家海洋局第三海洋研究所	41867
14	中国地质科学院	40296
15	中国农科院农业资源与农业区划研究所	39062
16	中国标准化研究院	37489
17	中国地质科学院地质研究所	36357
18	中国医学科学院药物研究所	32476
19	中国水产科学研究院黄海水产研究所	32021
20	中国地质调查局水文地质环境地质调查中心	31373
21	国家海洋局天津海水淡化与综合利用研究所	31366
22	中国林业科学研究院（院部）	31080
23	中国农业科学院北京畜牧兽医研究所	30945
24	中国地质科学院地球物理地球化学勘查研究所	29697
25	中国水产科学研究院南海水产研究所	28766
26	中国民航科学技术研究院	27017
27	国家卫生计生委科学技术研究所	26736
28	中国林业科学研究院林业研究所	25996
29	农业部环境保护科研监测所	25927
30	中国检验检疫科学研究院	25731
31	中国气象科学研究院	25487

排名	机构名称	总收入/万元
32	中国农业科学院油料作物研究所	25210
33	中国农业科学院棉花研究所	23566
34	环境保护部华南环境科学研究所	22907
35	国家粮食局科学研究院	22453
36	中国地质科学院岩溶地质研究所	22177
37	中国水产科学研究院东海水产研究所	21840
38	中国测绘科学研究院	21642
39	中国农业科学院农业信息研究所	21456
40	中国中医科学院（本部）	21362
41	黄河水利委员会黄河水利科学研究院	20715
42	环境保护部南京环境科学研究所	20150
43	中国地震局地质研究所	19893
44	中国农业科学院农业环境与可持续发展研究所	18869
45	中国地震局地壳应力研究所	18865
46	中国医学科学院药用植物研究所	17463
47	中国地震局地球物理研究所	17244
48	中国热带农业科学院院本部	17239
49	国家新闻出版广电总局广播科学研究院	16624
50	中国热带农业科学院热带作物品种资源研究所	16415
51	中国地震局工程力学研究所	16282
52	中国热带农业科学院橡胶研究所	15151
53	中国农业科学院生物技术研究所	14724
54	国家地质实验测试中心	14278
55	中国农业科学院上海兽医研究所	14262
56	中国水产科学研究院淡水渔业研究中心	14118
57	中国医学科学院医学信息研究所	13962
58	中国医学科学院医学实验动物研究所	13688
59	中国热带农业科学院热带生物技术研究所	13452
60	中国热带农业科学院环境与植物保护研究所	12682
61	中国医学科学院医药生物技术研究所	12478
62	中国地震局地震预测研究所	11906
63	中国林业科学研究院亚热带林业研究所	10930
64	中国中医科学院针灸研究所	10276
65	中国水产科学研究院	9739
66	中国热带农业科学院南亚热带作物研究所	9627
67	中国医学科学院病原生物学研究所	9607

排名	机构名称	总收入/万元
68	中国林业科学研究院热带林业研究所	9553
69	中国中医科学院中药研究所	9367
70	中国农业科学院兰州畜牧与兽药研究所	9362
71	中国水稻研究所	9000
72	中国医学科学院放射医学研究所	8589
73	中国林业科学研究院森林生态环境与保护研究所	8001
74	中国农业科学院草原研究所	7581
75	中国医学科学院生物医学工程研究所	7336
76	中国水产科学研究院黑龙江水产研究所	6682
77	中国中医科学院中医药信息研究所	6062
78	中国林业科学研究院资源昆虫研究所	5858
79	中国电影科学技术研究所	5243
80	中国林业科学研究院资源信息研究所	4935
81	中国气象局兰州干旱气象研究所	4728
82	中国气象局北京城市气象研究所	4588
83	中国林科院林业新技术所	4508
84	中国地质科学院地质力学研究所	4419
85	中国中医科学院中医临床基础医学研究所	4319
86	中国中医科学院中医基础理论研究所	3789
87	国家体育总局体育科学研究所	3576
88	中国中医科学院医学实验中心	3560
89	中国中医科学院中国医史文献研究所	2737
90	中国气象局广州热带海洋气象研究所	2633
91	中国气象局乌鲁木齐沙漠气象研究所	2377
92	中国新闻出版研究院	2057
93	中国气象局上海台风研究所	1971
94	中国气象局沈阳大气环境研究所	1667
95	中国气象局武汉暴雨研究所	1583
96	中国气象局成都高原气象研究所	1400

附表 1-2　2016 年非营利公益类科研机构纵向科技性收入情况

排名	机构名称	纵向科技性收入/万元
1	国家海洋局第一海洋研究所	43181
2	国家海洋局第二海洋研究所	34362
3	中国环境科学研究院	32113
4	中国农业科学院作物科学研究所	29786
5	中国医学科学院基础医学研究所	29464
6	中国农科院农业资源与农业区划研究所	25182
7	国家海洋局第三海洋研究所	22778
8	中国地质调查局水文地质环境地质调查中心	20844
9	水利部交通运输部国家能源局南京水利科学研究院	18988
10	中国林业科学研究院林业研究所	17483
11	中国地质科学院矿产资源研究所	15712
12	农业部环境保护科研监测所	15599
13	中国医学科学院药物研究所	15553
14	中国农业科学院植物保护研究所	15183
15	国家海洋局天津海水淡化与综合利用研究所	15173
16	中国农业科学院北京畜牧兽医研究所	13410
17	环境保护部华南环境科学研究所	12802
18	中国水产科学研究院南海水产研究所	12399
19	中国水利水电科学研究院	12054
20	中国水产科学研究院黄海水产研究所	10648
21	中国气象科学研究院	9897
22	中国计量科学研究院	9831
23	中国中医科学院中药研究所	8947
24	哈尔滨兽医研究所	8715
25	中国水产科学研究院东海水产研究所	7887
26	中国农业科学院农业环境与可持续发展研究所	7679
27	中国水稻研究所	7182
28	中国检验检疫科学研究院	6825
29	国家粮食局科学研究院	6671
30	中国标准化研究院	6526
31	中国农业科学院油料作物研究所	6488
32	中国医学科学院医学实验动物研究所	6296
33	中国地质科学院地质研究所	6220

排名	机构名称	纵向科技性收入/万元
34	中国农业科学院农业信息研究所	5925
35	国家地质实验测试中心	5492
36	中国农业科学院生物技术研究所	5420
37	中国医学科学院医药生物技术研究所	4572
38	中国地质科学院地球物理地球化学勘查研究所	4444
39	中国农业科学院棉花研究所	4425
40	中国林业科学研究院森林生态环境与保护研究所	4249
41	中国医学科学院药用植物研究所	4026
42	中国林业科学研究院（院部）	4022
43	中国医学科学院病原生物学研究所	3896
44	中国农业科学院上海兽医研究所	3826
45	中国水产科学研究院淡水渔业研究中心	3750
46	黄河水利委员会黄河水利科学研究院	3719
47	中国农业科学院兰州畜牧与兽药研究所	3661
48	中国地质科学院地质力学研究所	3405
49	中国林业科学研究院亚热带林业研究所	3363
50	中国测绘科学研究院	3255
51	国家卫生计生委科学技术研究所	3144
52	中国气象局兰州干旱气象研究所	3118
53	长江水利委员会长江科学院	2955
54	中国地震局工程力学研究所	2776
55	中国林业科学研究院资源信息研究所	2656
56	中国热带农业科学院热带生物技术研究所	2602
57	中国林业科学研究院热带林业研究所	2581
58	环境保护部南京环境科学研究所	2457
59	中国地震局地质研究所	2351
60	中国医学科学院生物医学工程研究所	2054
61	中国地质科学院岩溶地质研究所	1993
62	中国热带农业科学院环境与植物保护研究所	1971
63	中国中医科学院中医临床基础医学研究所	1890
64	中国医学科学院医学信息研究所	1723
65	中国热带农业科学院热带作物品种资源研究所	1705
66	中国地质科学院	1635
67	国家新闻出版广电总局广播科学研究院	1482
68	中国农业科学院草原研究所	1328

排名	机构名称	纵向科技性收入/万元
69	中国林业科学研究院资源昆虫研究所	1316
70	中国医学科学院放射医学研究所	1169
71	中国中医科学院（本部）	1165
72	中国中医科学院中医药信息研究所	1152
73	中国地震局地壳应力研究所	1139
74	中国地震局地震预测研究所	1115
75	中国新闻出版研究院	1077
76	中国林科院林业新技术所	999
77	中国民航科学技术研究院	846
78	中国中医科学院中国医史文献研究所	844
79	中国热带农业科学院橡胶研究所	796
80	国家体育总局体育科学研究所	784
81	中国水产科学研究院黑龙江水产研究所	701
82	中国水产科学研究院	671
83	中国气象局北京城市气象研究所	658
84	中国中医科学院针灸研究所	618
85	中国气象局上海台风研究所	574
86	中国气象局武汉暴雨研究所	464
87	中国热带农业科学院南亚热带作物研究所	451
88	中国气象局沈阳大气环境研究所	440
89	中国热带农业科学院院本部	409
90	中国中医科学院中医基础理论研究所	399
91	中国气象局乌鲁木齐沙漠气象研究所	371
92	中国电影科学技术研究所	362
93	中国中医科学院医学实验中心	270
94	中国气象局成都高原气象研究所	0
95	中国气象局广州热带海洋气象研究所	0
96	中国地震局地球物理研究所	0

附表 1-3 2016 年非营利公益类科研机构横向科技性收入情况

排名	机构名称	横向科技性收入/万元
1	水利部交通运输部国家能源局南京水利科学研究院	34199
2	中国计量科学研究院	32310
3	长江水利委员会长江科学院	31652
4	中国水利水电科学研究院	30363
5	哈尔滨兽医研究所	20184
6	环境保护部南京环境科学研究所	14269
7	国家海洋局第二海洋研究所	10246
8	中国标准化研究院	7737
9	黄河水利委员会黄河水利科学研究院	7683
10	中国农业科学院植物保护研究所	6786
11	国家海洋局第三海洋研究所	6217
12	中国医学科学院药物研究所	4955
13	国家新闻出版广电总局广播科学研究院	4118
14	中国测绘科学研究院	3970
15	中国民航科学技术研究院	3493
16	中国检验检疫科学研究院	3448
17	中国地质科学院地质研究所	3133
18	中国水产科学研究院南海水产研究所	3030
19	中国地质调查局水文地质环境地质调查中心	2980
20	中国医学科学院医学实验动物研究所	2958
21	中国农科院农业资源与农业区划研究所	2855
22	中国地质科学院岩溶地质研究所	2649
23	中国地震局地壳应力研究所	2476
24	国家海洋局天津海水淡化与综合利用研究所	2362
25	中国地质科学院地球物理地球化学勘查研究所	2227
26	中国水产科学研究院黄海水产研究所	2222
27	中国水产科学研究院东海水产研究所	2117
28	国家粮食局科学研究院	1983
29	中国地震局地质研究所	1908
30	国家地质实验测试中心	1856
31	农业部环境保护科研监测所	1839
32	中国农业科学院油料作物研究所	1669
33	中国农业科学院上海兽医研究所	1658

排名	机构名称	横向科技性收入/万元
34	国家海洋局第一海洋研究所	1601
35	中国热带农业科学院热带作物品种资源研究所	1263
36	中国农业科学院北京畜牧兽医研究所	1244
37	中国农业科学院棉花研究所	1211
38	中国农业科学院农业环境与可持续发展研究所	1185
39	中国水产科学研究院淡水渔业研究中心	1146
40	中国水稻研究所	1098
41	中国医学科学院医药生物技术研究所	991
42	中国林业科学研究院热带林业研究所	935
43	中国地质科学院矿产资源研究所	917
44	中国农业科学院农业信息研究所	867
45	中国医学科学院病原生物学研究所	811
46	中国医学科学院放射医学研究所	798
47	中国电影科学技术研究所	792
48	中国医学科学院药用植物研究所	792
49	国家卫生计生委科学技术研究所	782
50	中国农业科学院生物技术研究所	764
51	中国医学科学院生物医学工程研究所	718
52	中国地质科学院地质力学研究所	707
53	中国水产科学研究院黑龙江水产研究所	684
54	中国医学科学院基础医学研究所	624
55	中国气象科学研究院	608
56	中国林业科学研究院亚热带林业研究所	551
57	中国中医科学院中医药信息研究所	505
58	中国农业科学院作物科学研究所	495
59	中国中医科学院中医基础理论研究所	439
60	中国地震局地震预测研究所	417
61	中国医学科学院医学信息研究所	401
62	中国林业科学研究院林业研究所	359
63	中国中医科学院医学实验中心	352
64	中国农业科学院兰州畜牧与兽药研究所	340
65	中国中医科学院中医临床基础医学研究所	294
66	中国热带农业科学院热带生物技术研究所	286
67	中国地质科学院	195
68	中国中医科学院中国医史文献研究所	155

排名	机构名称	横向科技性收入/万元
69	中国气象局武汉暴雨研究所	148
70	中国林科院林业新技术所	123
71	中国气象局乌鲁木齐沙漠气象研究所	116
72	中国气象局北京城市气象研究所	113
73	中国林业科学研究院资源昆虫研究所	111
74	中国水产科学研究院	106
75	中国中医科学院（本部）	69
76	中国热带农业科学院橡胶研究所	68
77	中国热带农业科学院南亚热带作物研究所	68
78	中国农业科学院草原研究所	64
79	中国中医科学院针灸研究所	36
80	中国环境科学研究院	20
81	中国气象局沈阳大气环境研究所	12
82	中国林业科学研究院（院部）	10
83	中国地震局工程力学研究所	0
84	中国新闻出版研究院	0
85	中国热带农业科学院院本部	0
86	中国气象局兰州干旱气象研究所	0
87	国家体育总局体育科学研究所	0
88	中国气象局上海台风研究所	0
89	中国热带农业科学院环境与植物保护研究所	0
90	中国中医科学院中药研究所	0
91	中国气象局成都高原气象研究所	0
92	中国林业科学研究院森林生态环境与保护研究所	0
93	中国气象局广州热带海洋气象研究所	0
94	中国林业科学研究院资源信息研究所	0
95	环境保护部华南环境科学研究所	0
96	中国地震局地球物理研究所	0

附表 1-4 2016 年非营利公益类科研机构进口额情况

排名	机构名称	进口额/万元
1	中国计量科学研究院	8081.37
2	中国林业科学研究院资源昆虫研究所	1018.00
3	中国中医科学院中药研究所	891.07
4	中国地质科学院	694.50
5	国家粮食局科学研究院	619.82
6	中国热带农业科学院环境与植物保护研究所	578.17
7	中国林业科学研究院热带林业研究所	494.73
8	中国热带农业科学院热带作物品种资源研究所	464.70
9	中国中医科学院中医基础理论研究所	380.16
10	中国地质科学院地球物理地球化学勘查研究所	325.72
11	中国农业科学院农业环境与可持续发展研究所	305.00
12	中国地震局地壳应力研究所	288.64
13	中国气象科学研究院	223.20
14	中国地震局工程力学研究所	207.96
15	中国中医科学院医学实验中心	153.26
16	中国农业科学院上海兽医研究所	50.00

附表 1-5 2016 年非营利公益类科研机构免税额情况

排名	机构名称	免税额/万元
1	中国计量科学研究院	1936.27
2	中国地质科学院	694.50
3	中国热带农业科学院环境与植物保护研究所	572.18
4	中国林业科学研究院热带林业研究所	494.73
5	中国热带农业科学院热带作物品种资源研究所	464.70
6	中国地震局地壳应力研究所	288.64
7	中国林业科学研究院资源昆虫研究所	212.78
8	中国中医科学院中药研究所	160.39
9	中国地质科学院地球物理地球化学勘查研究所	69.20
10	中国中医科学院中医基础理论研究所	64.63
11	中国农业科学院上海兽医研究所	50.00
12	中国农业科学院农业环境与可持续发展研究所	48.00
13	中国气象科学研究院	45.70

附表 1-6 非营利公益类科研机构调查数据汇总

调查项	2015 年	2016 年	增长率
（一）人员情况			
1. 在职人员数	23692人	24303人	2.58%
2. 在职科技人员数	20206人	20705人	2.47%
科技人员数/在职人员数	85.29%	85.20%	-0.11%
3. 人员流动情况			
（1）人员增加数	1522人	1644人	8.02%
（2）人员减少数	1037人	1123人	8.29%
4. 离退休人员情况			
（1）离退休人员数	19765人	19789人	0.12%
（2）离退休人员费用	15.47亿元	15.80亿元	2.13%
离退休费/科学事业费	33.27%	29.63%	-10.95%
（二）经营情况			
1. 资产总体情况			
（1）资产总额	426.85亿元	444.78亿元	4.20%
（2）科研仪器设备总原值	138.05亿元	130.96亿元	-5.13%
（3）净资产总额	317.99亿元	298.72亿元	-6.06%
净资产率（净资产/总资产）	74.50%	67.16%	-9.85%
2. 总收入及构成			
（1）总收入	259.08亿元	220.56亿元	-14.87%
财政性收入/总收入	69.82%	53.72%	-23.06%
（2）科学事业费	46.49亿元	53.33亿元	14.72%
（3）修缮购置专项经费	13.15亿元	13.29亿元	1.07%
（4）基本建设费	11.26亿元	12.55亿元	11.45%
基本建设费/总收入	4.35%	5.69%	30.80%
（5）其他财政拨款	23.67亿元	27.05亿元	14.31%
其他财政拨款/总收入	9.14%	12.26%	34.14%
（6）纵向科技性收入	46.73亿元	64.25亿元	37.51%
纵向科技性收入/总收入	18.04%	29.13%	61.49%
（7）横向科技性收入	24.51亿元	28.79亿元	17.46%
横向科技性收入/总收入	9.46%	13.05%	37.98%
（8）产品销售收入	0.48亿元	0.50亿元	4.17%

调查项	2015 年	2016 年	增长率
产品销售收入/总收入	0.19%	0.23%	19.31%
（9）其他收入	6.49亿元	8.50亿元	30.97%
3. 税金	3.11亿元	3.28亿元	5.72%
4. 人均货币收入	12.03万元	11.60万元	−3.55%
（三）主要科技产出			
1. 完成科研项目数	6693项	6799项	1.58%
2. 获国家级科技奖励数	61项	49项	−19.67%
3. 获省部级科技奖励数	304项	266项	−12.50%
4. 获行业科技奖励数	209项	163项	−22.01%
5. 专利申请数	2853项	2854项	0.04%
6. 专利授权数	2271项	2561项	12.77%
7. 发明专利授权数	1179项	1267项	7.46%
8. 研究生培养总数	3121人	2580人	17.33%
9. 博士培养数	1020人	787人	−22.84%
10. 硕士培养数	2101人	1793人	−14.66%
11. 发表论文数	15568篇	16023篇	2.92%
12. 出版专著数	622部	670部	7.72%

第二部分

拟转为科技型企业的社会公益类科研机构

按国务院《关于深化科研机构管理体制改革实施意见》，拟转为科技型企业的社会公益类科研机构（以下简称"拟转企机构"）为56家，2016年全部参与调查，其中有7家机构未提供数据，故最终收到有效报表49份。现将有关调查数据汇总分析如下。

（一）基本数据调查汇总与分析

1. 人员情况

2016年末，此类科研机构拥有在职人员总数7519人，同比增长4.16%；机构平均在职人员数为153人，较上年增加6人。

在职人员中，从事研究开发和科技基础性工作的人员分别占51.87%和21.41%。其中，从事研究开发的人员数和从事生产经营的人员较上年有所上升。从事生产经营的人员占从业人员的11.20%（表2-1）。

表2-1 职工情况　　　　　　　　　　　　　　　　　　单位：人

年份	年末在职人员数	其中			
		从事研究开发的人员数	从事科技基础性工作的人员数	从事生产经营的人员数	其他
2012	7823	3512	2185	976	1150
2013	7991	3854	2170	902	1065
2014	8060	3871	2183	923	1083
2015	7219	3773	1569	888	989
2016	7519	3900	1610	953	1056
2016年增长率	4.16%	3.37%	2.61%	7.32%	6.77%

2. 机构规模

机构人员规模分布呈现多元化：50 人以下机构 9 家（最少 19 人），占 18.37%；51~100 人的机构 10 家，占 20.41%；101~200 人的机构 22 家，占 44.90%；201~500 人的机构 6 家，占 12.24%；500 人以上的机构 2 家（最多 932 人），占 4.08%（表 2-1）。

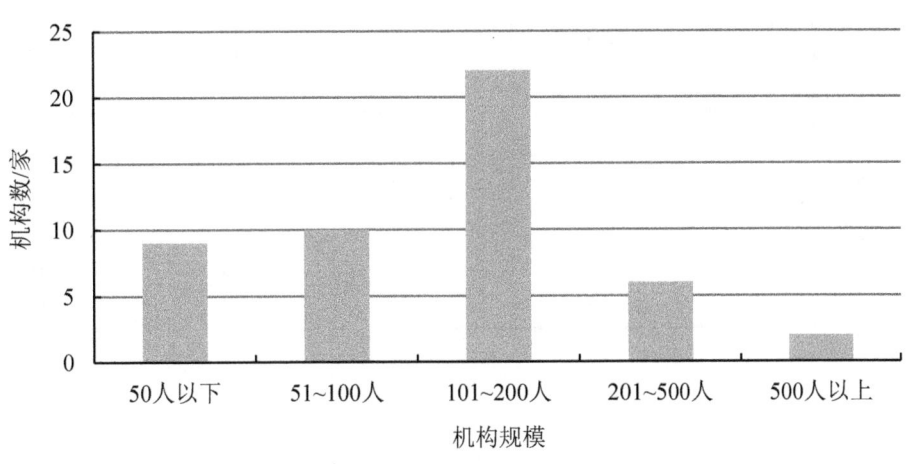

图 2-1 在职人员分布情况

3. 科技人员的年龄结构与学历结构

（1）科技人员年龄结构

2016 年，科技人员中，30 岁以下，30~40 岁、40~50 岁、50 岁以上的，分别占 24.59%、33.83%、23.63%、17.95%。40 岁以下的科技人员数略多于 40 岁以上的科技人员数。目前，此类科研机构科技人员的年龄结构较为稳定（表 2-2）。

表 2-2 科技人员年龄结构　　　　　　单位：人

年份	合计	年龄结构			
		30 岁以下	30~40 岁	40~50 岁	50 岁以上
2012	5697	1502	1727	1702	766
2013	6024	1592	1881	1636	915
2014	6054	1582	1891	1536	1045
2015	5340	1383	1746	1285	926
2016	5510	1355	1864	1302	989
2016 年增长率	3.18%	-2.02%	6.76%	1.32%	6.80%

（2）科技人员学历结构

2016年，科技人员中，博士、硕士、本科占比分别为18.93%、31.74%、35.79%，合计86.46%。目前，此类科研院所科技人员的学历结构呈明显的"金字塔"状（表2-3、图2-2和图2-3）。

表2-3　科技人员的学历结构　　　　　　单位：人

年份	博士	硕士	本科	其他
2012	661	1572	2327	1137
2013	753	1727	2447	1097
2014	882	1720	2473	979
2015	912	1655	1979	794
2016	1043	1749	1972	746
2016年增长率	14.36%	5.68%	-0.35%	-6.05%

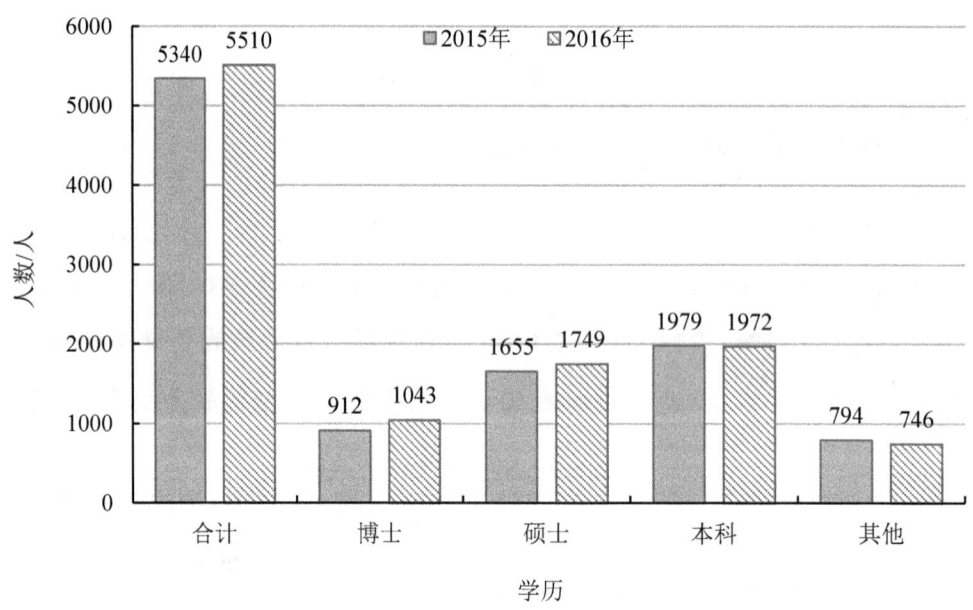

图2-2　科技人员按学历分类

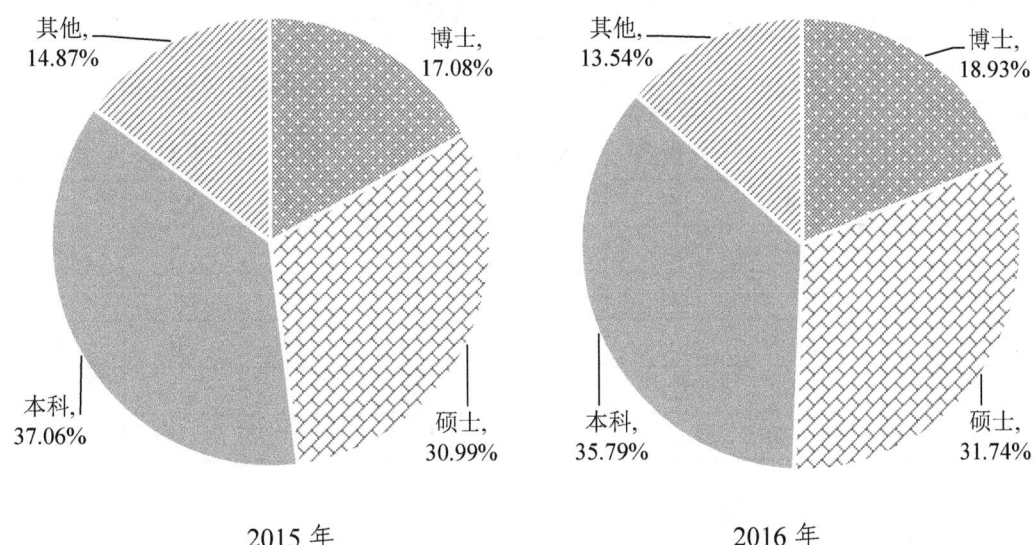

图 2-3 科技人员学历结构

4. 专业技术人员的流动情况

2016 年，专业技术人员流动的规模：流入人员、减少人员、流出人员分别占当年科技人员总数的 6.52%、5.37% 和 3.16%。另外，博士、硕士的招聘数远高于流出数。2016 年，流入人员与减少人员之比为 1∶0.82（表 2-4、表 2-5）。

表 2-4 专业人员流入情况   单位：人

| 年份 | 专业人员新增数 | 新招生总数 | 其中 | | | | 国内外招聘 | 其中 | 其他新增 |
			博士	硕士	本科	其他		留学归国	
2012	526	410	72	176	145	17	50	8	66
2013	494	350	62	161	123	4	60	16	84
2014	428	280	76	125	74	5	128	17	20
2015	477	323	96	128	86	13	136	7	18
2016	359	217	70	90	53	4	118	5	24
2016 年增长率	-24.74%	-32.82%	-27.08%	-29.69%	-38.37%	-69.23%	-13.24%	-28.57%	33.33%

表 2-5　专业人员流出情况　　　　单位：人

年份	人员减少合计数	其中		流出人员按学历分类情况			
		当年退休人员数	当年流出人员数	博士	硕士	本科	其他
2012	254	151	103	7	28	52	16
2013	334	170	164	13	31	85	35
2014	319	149	170	10	54	61	45
2015	248	131	117	24	43	30	20
2016	296	122	174	37	56	49	32
2016年增长率	19.35%	-6.87%	48.72%	54.17%	30.23%	63.33%	60.00%

5. 离退休人员的数量与费用

（1）离退休人员的数量

截至2016年，此类机构的累计离退休人员数为5504人，较上年增加了4.07%。累计离退休人员与在职人员之比为0.73∶1。

（2）离退休人员的费用

2016年，离退休人员的费用合计34011.02万元，同比增加3.69%。此费用相当于此类机构2016年总收入的7.13%，约为当年科学事业费的58.10%（表2-6）。

表 2-6　离退休人员数量和费用情况

年份	累计年末离退休人员数/人	其中		离退休人员费用合计/万元	其中/万元		
		退休人员数/人	离休人员数/人		离退休金	医疗费	其他费用
2012	6195	6002	193	34024.75	30158.71	2330.01	1536.03
2013	6211	6024	187	32856.51	28916.55	2704.65	1235.31
2014	6151	5980	171	32176.74	27158.12	2694.81	2323.81
2015	5289	5159	130	32801.40	27296.31	2613.58	2969.03
2016	5504	5385	119	34011.02	30144.41	2393.53	1478.28
2016年增长率	4.07%	4.38%	-8.46%	3.69%	10.43%	-8.42%	-50.21%

6. 总收入及构成

（1）总收入

2016年，此类机构总收入为47.67亿元，较2015年增加了22.17%。

2016年总收入构成由高到低依次是：产品销售收入（11.67亿元）、纵向科技性收入（8.05亿元）、横向科技性收入（7.89亿元）、其他财政拨款（6.24亿元）、科学事业费（5.85亿元）、其他收入（3.79亿元）、基本建设费（2.50亿元）、修缮购置专项经费（1.69亿元）和出口创汇（164万美元）。其中，纵向科技性收入、科学事业费、修缮购置专项经费、基本建设费、其他财政拨款等"财政性收入"合计24.33亿元，占总收入的51.04%；产品销售收入、横向科技性收入、其他收入合计23.34亿元，占总收入的48.96%（表2-7和图2-4）。

2016年拟转企机构总收入居前5位的机构是：中国医学科学院医学生物学研究所（8.90亿元）、中国农业科学院兰州兽医研究所（3.82亿元）、中粮工程科技（郑州）有限公司（2.45亿元）、中国地质科学院勘探技术研究所（1.87亿元）、中国农业科学院特产研究所（1.64亿元），如附表2-1所示。

表2-7 总收入及构成

| 年份 | 全年总收入/万元 | 其中/万元 ||||||| 出口创汇/万美元 |
		科学事业费	其他财政拨款	纵向科技性收入	横向科技性收入	产品销售收入	修缮购置专项经费	基本建设费	其他收入	
2012	404651	41278	15660	85007	42030	155823	17651	16050	31152	423
2013	483035	46932	33036	81887	45389	161954	26529	23819	63489	1240
2014	434208	55822	43041	85513	54082	130071	18400	24511	22768	355
2015	390221	52860	52544	89657	60243	71896	17769	22019	23233	273
2016	476716	58541	62391	80488	78888	116671	16883	24986	37868	164
2016年增长率	22.17%	10.75%	18.74%	-10.23%	30.95%	62.28%	-4.98%	13.47%	62.99%	-39.93%

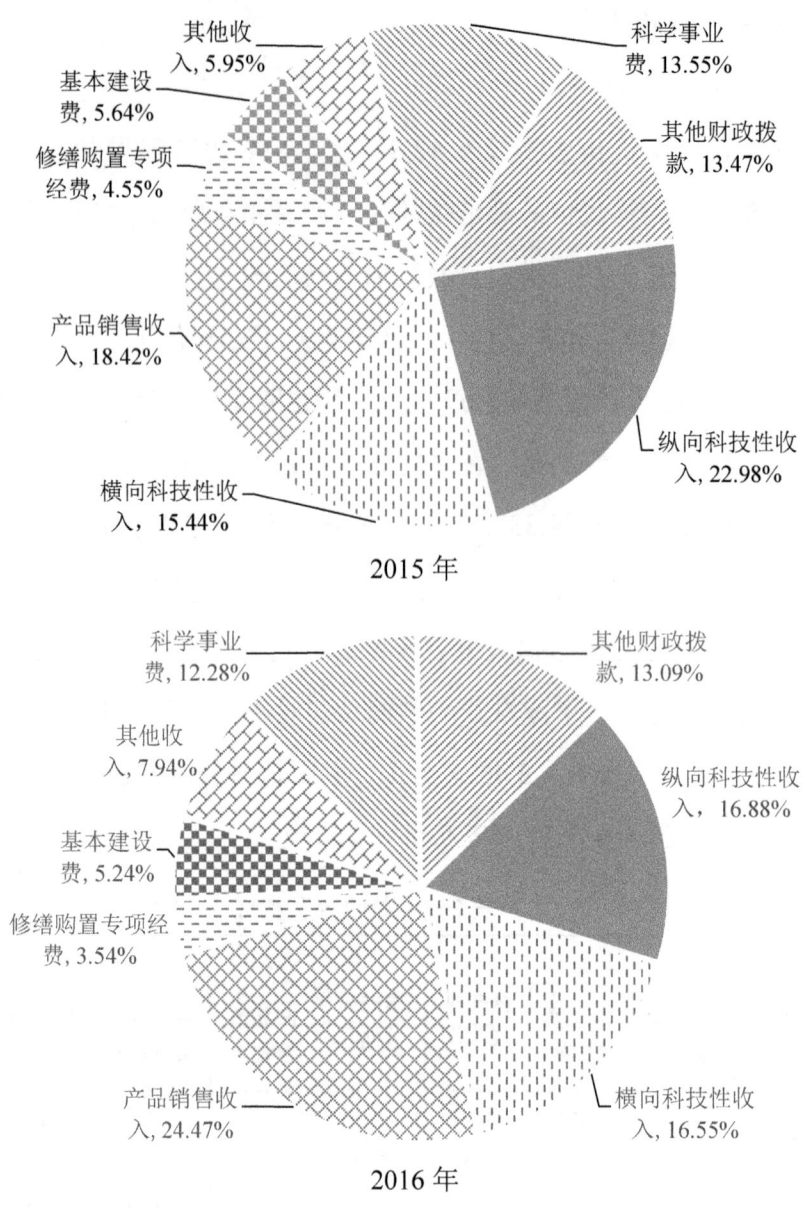

图 2-4 总收入结构

（2）科学事业费

2016 年，此类机构科学事业费合计 5.85 亿元，较上年增长 10.75%；占总收入的 12.28 %。

（3）修缮购置专项经费

2016 年，此类机构修缮购置专项经费合计 1.69 亿元，较上年下降 4.98%；

占总收入的 3.54%。

（4）其他财政拨款

2016 年，此类机构其他财政拨款合计 6.24 亿元，同比增长 18.74%；占总收入的 13.09%。

（5）纵向科技性收入

2016 年，此类机构纵向科技性收入合计 8.05 亿元，同比下降 10.23%；占总收入的 16.88%。

此项收入居前 5 位的机构是：中国农业科学院蔬菜花卉研究所（10461 万元）、中国农业科学院农产品加工研究所（7237 万元）、中国农业科学院饲料研究所（5304 万元）、中国地质科学院郑州矿产综合利用研究所（4819 万元）、水利部南京水利水文自动化研究所（4605 万元），如附表 2-1 所示。

包括以上 5 家在内的此项收入在 1000 万以上的拟转企机构共计 21 家，占此类机构总数的 42.86%；500 万~1000 万元的机构有 9 家，占此类机构总数的 18.37%；100 万~500 万元的机构共计 11 家，占此类机构总数的 22.45%；100 万元以下的机构有 8 家，占此类机构总数的 16.33%，其中纵向科技性收入为 0 的机构有 3 家，占此类机构总数的 6.12%（表 2-8）。

表 2-8　纵向科技性收入构成

纵向科技性收入区间	1000 万元以上	500 万~1000 万元	100 万~500 万元	100 万元以下
单位数量/家	21	9	11	8
占机构总量的比例	42.86%	18.37%	22.45%	16.33%

（6）横向科技性收入

2016 年，此类机构横向科技性收入合计 7.89 亿元，较上年增长 30.95%；占总收入的 16.55%。

此项收入居前 5 位的机构是：中国农业科学院兰州兽医研究所（25536.62 万元）、中国地质科学院勘探技术研究所（7740.75 万元）、中国农业科学院烟草研究所（4482.00 万元）、中国农业科学院特产研究所（3629.37 万元）、中国农业科学院茶叶研究所（3292.02 万元），如附表2-3所示。

此项收入在1000万以上的机构有18家，占此类机构总数的36.73%；500万~1000万元的机构有10家，占此类机构总数的20.41%；100万~500万元的机构有6家，占此类机构总数的12.24%；100万元以下的机构有15家，占此类机构总数的30.61%，其中横向科技性收入为0的机构为8家（表2-9）。

表2-9 横向科技性收入构成

横向科技性收入区间	1000万元以上	500万~1000万元	100万~500万元	100万元以下
单位数量/家	18	10	6	15
占机构总量的比例	36.73%	20.41%	12.24%	30.61%

（7）基本建设经费

49家机构2016年基本建设经费总额为2.50亿元，占总收入的5.24%。

（8）产品销售收入

2016年，此类机构产品销售收入合计11.67亿元，平均每个机构2381万元，较上年增加62.28%；占总收入的比重为24.47%。

此项收入居前5位的机构是：中国医学科学院医学生物学研究所（7.53亿元）、中粮工程科技（郑州）有限公司（1.17亿元）、国粮武汉科学研究设计院有限公司（1.16亿元）、北京探矿工程研究所（0.49亿元）和中国地质科学院郑州矿产综合利用研究所（0.41亿元）。

此项收入在1亿元以上的机构共3家，占此类机构总数的6.12%；1000万~1亿元的机构有5家，占此类机构总数的10.20%；100万~1000万元的机构有6家，占此类机构总数的12.24%；100万元以下的机构有35家，占此类机构总数的71.43%（图2-5）。

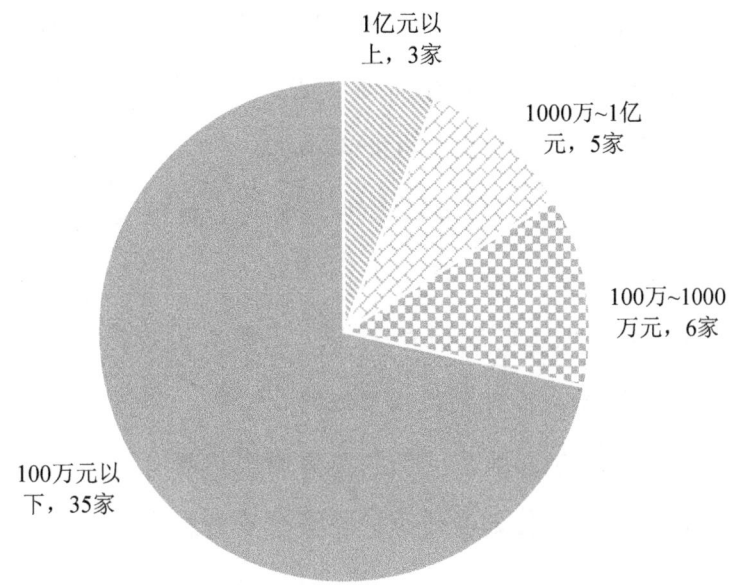

图 2-5　不同产品销售收入的机构数

7. 资产、上缴税金与利润

（1）资产总额

2016 年，此类机构的资产总额为 91.34 亿元，较上年下降 5.90%。

（2）净资产

2016 年此类机构的净资产总额为 61.38 亿元，较上年增加 1.83%。

净资产居前 5 位的机构是：中国农业科学院兰州兽医研究所（10.21 亿元）、中国民航局测试中心（中国民航局第二研究所）（3.75 亿元）、中国农业科学院特产研究所（3.31 亿元）、中国农业科学院农产品加工研究所（2.35 亿元）和中国医学科学院输血研究所（2.14 亿元）。

（3）上缴税金

2016 年，此类科研机构下属全资公司和控股公司合计上缴税金 1.60 亿元，同比增加 54.42%，平均每个机构上缴税金 326.59 万元。上缴税金在 1000 万元以上的机构有 4 家，分别为中国农业科学院兰州兽医研究所（9440.58 万元）、中国民航局测试中心（中国民航局第二研究所）（8160.00 万元）、中粮工程科技(郑州)有限公司(1760.00万元)和国粮武汉科学研究设计院有限公司(1376.00万元);上缴税金在50万元以下的37家,占此类机构总数的75.51%,其中,上缴税金为0的24家,占此类机构总数的48.98%。

2016年,此类机构下属全资公司和控股公司合计实现利润1.21亿元,较上年增长10.29%。

利润在100万元及以上的机构有21家,占此类机构总数的42.86%;在100万元以下的机构有28家,占此类机构总数的57.14%。其中,利润为0的机构有13家,占此类机构总数的26.53%;利润为负的机构有0家。

2016年利润排名前5位的拟转为科技型企业的社会公益类科研机构,如表2-10所示。

表2-10 2016年利润排名居前5位的拟转为科技型企业的社会公益类科研机构

机构名称	利润/万元
中国民航局测试中心(中国民航局第二研究所)	4853.37
中粮工程科技(郑州)有限公司	1160.00
水利部南京水利水文自动化研究所	817.91
国粮武汉科学研究设计院有限公司	784.00
中国农业科学院兰州兽医研究所	646.07

8. 人均货币收入

2016年,此类科研机构人均货币收入11.32万元,较上年的8.62万元增长31.32%(表2-11)。

表2-11 机构按人均货币收入分组情况

按人均货币收入分组	机构数/家	占机构总数的比重
低于2万元(含0万元)	8	16.33%
2万~4万元	2	4.08%
4万~6万元	4	8.16%
6万~8万元	7	14.29%

按人均货币收入分组	机构数/家	占机构总数的比重
8万~10万元	5	10.20%
10万~15万元	17	34.69%
15万元以上	6	12.24%

9. 进口教科用品

2016年新增了进口教科用品这一指标,其中包括进口额和免税额两项指标,其中,进口额总计2335.07万元,免税额总计1046.80万元。

10. 主要科技产出

2016年,此类科研机构主要科技产出的11项指标中,9项指标较上年有所增长,2项有所下降,总体情况良好(表2-12)。

表2-12 主要科技产出

年份	完成科研项目数/项	获国家级科技奖励数/项	获省部级科技奖励数/项	获行业科技奖励数/项	专利/件			研究生培养数/人		发表论文/篇	出版专著/部
					申请数	授权数	发明专利授权数	博士	硕士		
2012	847	5	48	24	626	455	293	95	385	2906	81
2013	865	47	81	31	617	588	337	99	372	2746	92
2014	988	7	66	36	837	653	353	127	495	3067	99
2015	952	10	75	34	1006	713	348	98	361	2999	69
2016	1011	38	107	38	1282	803	464	92	328	3179	121
2016年增长率	6.20%	280.00%	42.67%	11.76%	27.44%	12.62%	33.33%	-6.12%	-9.14%	6.00%	75.36%

2016年,以下9项科技工作指标较上年有所增长:完成科研项目数增长的机构有44家,完成科研项目数总体增长6.20%;获国家级科技奖励数增长的机构有3家,获国家级科技奖励数总体增长280.00%;获省部级科技奖励数增长的机构有24家,获省部级科技奖励数总体增长42.67%;获行业科技奖励数增长的机构有16家,获行业科技奖励数总体增长11.76%;专利申请数增长的机构有

44 家，专利申请数总体增长 27.44%；专利授权数增长的机构有 43 家，专利授权数总体增长 12.62%；专利授权中发明专利数增长的机构有 33 家，发明专利数总体增长 33.33%；发表论文数增长的机构有 46 家，发表论文数总体增长 6.00%；出版专著数增长的机构有 22 家，出版专著数总体增长 75.36%。

科技产出有所下降的 2 项指标为：研究生培养总数中培养的博士数下降的单位有 17 家，培养的博士总体下降 6.12%；培养硕士数较上年下降的机构有 28 家，培养硕士总体下降 9.14%。

附表 2-4 所示为拟转为科技型企业的社会公益类科研机构调查数据的汇总情况。

（二）完成的重大科技项目

共有 44 家科研机构填报了本机构 2016 年完成的重大科技项目 44 项（一所一项），占此类机构总数的 89.80%。

1. 重大科技成果

——研发周期

重大科技项目研发周期多数在 2~3 年、1~2 年和 3~5 年，三者合计占比 90.91%；5~10 年的项目为 2 项，占 4.55%；10 年以上的项目为 2 项，占 4.55%（表 2-13）。

表 2-13　重大科技项目研发周期

研发周期	项目数/项	占比
1~2 年	6	13.64%
2~3 年	15	34.09%
3~5 年	19	43.18%
5~10 年	2	4.55%
10 年以上	2	4.55%
合计	44	100.00%

——经费投入

重大科技项目经费投入小于 500 万元项目 24 个,累计投入经费 3783 万元,占全部项目投入总经费的 5.81%;500 万~1000 万元的项目有 6 个,占全部项目投入总经费的 7.03%;1000 万~2000 万元的项目有 5 个,占全部项目投入总经费的 12.00%;2000 万~5000 万元的项目有 5 项,占全部项目投入总经费的 19.74%;5000 万~1 亿元的项目有 3 项,占全部项目投入总经费的 33.00%;1 亿元以上的项目有 1 项,占全部项目投入总经费的 22.43%(表 2-14)。

表 2-14 重大科技项目经费投入

经费投入	项目数/项	项目数占比	经费占比
小于 500 万元	24	54.55%	5.81%
500 万~1000 万元	6	13.64%	7.03%
1000 万~2000 万元	5	11.36%	12.00%
2000 万~5000 万元	5	11.36%	19.74%
5000 万~1 亿元	3	6.82%	33.00%
1 亿元以上	1	2.27%	22.43%
合计	44	100.00%	100.00%

——国际合作情况

重大科技项目中,有国际合作情况的 4 项,占项目总数的 9.09%;没有国际合作的 40 项。

2. 重大科技成果汇总

拟转为科技型企业的社会公益类科研机构重大科技成果汇总情况见表 2-15。

表2-15 拟转为科技型企业的社会公益类科研机构重大科技成果汇总

机构名称	项目名称	研发周期					经费投入						国际合作
		A	B	C	D	E	a	b	c	d	e	f	
国粮武汉科学研究设计院有限公司	低能耗低破碎自动碾米机	√											
中国民航局测试中心（中国民航局第二研究所）	机场外来物监测系统				√				√				
中粮工程科技（郑州）有限公司	"北粮南运"关键物流装备研究开发		√					√					/
中国地质科学院探矿工艺研究所	滑坡防治格构锚固体系优化化计研究（川东巴河流域地质灾害调查）			√						√			
水利部长春机械研究所	气动盾形闸门技术开发（3×450 m）	√					√						
中国热带农业科学院农业机械研究所	甘蔗地保护性耕作关键设备的中试与示范		√	√			√						
中国医学科学院医学生物学研究所	Sabin株脊髓灰质炎灭活疫苗临床研究			√				√					
中国林业科学研究院林产化学工业研究所	生物质制备化学品关键技术研究						√						/
国家林业局竹子研究开发中心	能源竹种评价、筛选与定向培育技术研究		√				√						
中国农业科学院麻类研究所	国家麻类产业技术体系			√								√	

机构名称	项目名称	研发周期					经费投入						国际合作
		A	B	C	D	E	a	b	c	d	e	f	
中国农业科学院蔬菜花卉研究所	主要蔬菜分子育种与功能基因组研究			√						√			
中华全国供销合作总社天津再生资源研究所	排土场、尾矿库生态修复关键技术研究		√				√						
中国农业科学院果树研究所	优质抗寒鲜食与观赏绿化兼用李新品种"一品丹枫"中试与示范		√				√						
国家林业局北京林业机械研究所	原态重组等四种竹材加工关键技术装备开发与应用					√							
中国热带农业科学院香料饮料研究所	胡椒新型复合调味料加工技术中试与示范	√					√						
水利部南京水利水文自动化研究所	基于X波段雷达高精度面雨量检测关键技术研究		√				√						
中国农业科学院郑州果树研究所	多倍体西瓜果实番茄红素合成与代谢关键酶基因的表达分析	√					√						√
中国水产科学研究院营口增殖实验站	渤海褐牙鲆及三疣梭子蟹标志实验性增殖放流			√			√						
中国水产科学研究院长岛增殖实验站	国家贝类产业技术体系长岛综合试验站建设项目			√			√						
中华全国供销合作总社杭州茶叶研究所	区域特产资源生态高值利用技术研究与产品开发			√						√			

机构名称	项目名称	研发周期					经费投入						国际合作
		A	B	C	D	E	a	b	c	d	e	f	
中国水产科学研究院北戴河中心实验站	国家鲆鲽类产业技术体系建设苗种与繁育研究室全雌岗位			√			√						
中国地质科学院郑州矿产综合利用研究所	豫西地区大型多金属矿综合利用技术研发			√				√					
中国农业科学院蜜蜂研究所	国家现代蜂产业技术体系					√					√		√
中华全国供销合作总社西安生漆涂料研究所	生漆、白芨、栀子等特种经济植物资源高效利用技术研究与示范			√			√						√
中国农业科学院饲料研究所	安全高效饲料产业化发展关键技术研究与示范		√						√				
中国水产科学研究院下营增殖实验站	基于放流效果评估的梭子蟹池塘养殖对比实验		√				√						
中国地质科学院矿产综合利用研究所	攀西深部徽辉岩各型钒钛磁铁矿利用技术开发		√				√						
中国林业科学研究院木材工业研究所	实木家具用低质材提质加工技术研究与示范	√					√						
中国农业科学院兰州兽医研究所	羊泰勒虫种内（间）差异表达蛋白的鉴定和功能预测			√			√						
水利部农村电气化研究所	农村水电能效检测与评价关键技术研究		√				√						
中华全国供销合作总社济南果品研究院	村镇服务业与相关产业协同发展关键技术研究			√			√						

机构名称	项目名称	研发周期					经费投入						国际合作
		A	B	C	D	E	a	b	c	d	e	f	
中华全国供销合作总社北京商业机械研究所	农民专业合作社质量管理提升工程		√				√						
中华全国供销合作总社昆明食用菌研究所	食用菌原料及商品化处理过程中质量安全控制			√			√						
中国热带农业科学院农产品加工研究所	天然橡胶/白炭黑母炼胶硫化特性研究	√					√						
中华全国供销合作总社郑州棉麻工程技术设计研究所	棉花加工工业标准化体系评估与创新	√					√						
中国水产科学研究院渔业机械仪器研究所	南极磷虾船上壳肉高效分离专用设备的开发			√			√						
农业部沼气科学研究所	基于氨纤维爆破预处理的秸秆醇气联产关键技术研究		√				√						
北京探矿工程研究所	重点成矿带高效碎岩及取心技术研究		√		√			√					
中国地质科学院勘探技术研究所	深孔高温磁中靶系统研究		√										√
中国农业科学院茶叶研究所	浙江省农业（茶树）新品种选育重大科技专项			√			√						
中华全国供销合作总社南京野生植物综合利用研究院	基于高品质高性能的天然高分子壳聚糖结构修饰技术研究		√				√						
中国农业科学院烟草研究所	低危害烟叶研究开发				√					√			

机构名称	项目名称	研发周期					经费投入						国际合作
		A	B	C	D	E	a	b	c	d	e	f	
中国医学科学院输血研究所	血液净化、透析系统（设备及耗材）的研制和开发			√									
杭州水处理技术研究开发中心有限公司	大型膜法海水淡化系统集成与市政供水工程示范			√						√			

注：

研发周期：A 为 1~2 年，B 为 2~3 年，C 为 3~5 年，D 为 5~10 年，E 为 10 年以上。

经费投入：a 为小于 500 万元，b 为 500 万~1000 万元，c 为 1000 万~2000 万元，d 为 2000 万~5000 万元，e 为 5000 万~1 亿元，f 为 1 亿元以上。

国际合作中，标有"√"的为国际合作项目。

（三）发展现状与展望

在统计过程中，为了更直观地反映问卷统计结果，本报告将排序1、2、3、4、5分别赋值5分、4分、3分、2分、1分进行计算。

1. 本机构面临的主要问题

在列入调查的56家机构中，有49家对本机构面临的主要问题进行了排序。经计算，各问题得分由高到低依次为：国家财政投入支持不够（226分）；人才结构不合理，高层次和高技能人才缺乏（158分）；科研评价体系、科研成果转化及激励制度有待完善（139分）；运行与管理机制效率不高（122分）；科技创新与服务能力不强（98分）（图2-6）。其中，国家财政投入支持不够是拟转为科技型企业的社会公益类科研机构面临的最主要问题。目前，国家在财政投入的强度还不够，现有科研、基本建设经费严重不足，影响科研工作的开展和科研能力的提升。高层次人才的引进和科研激励都需要有财政资金的支持。

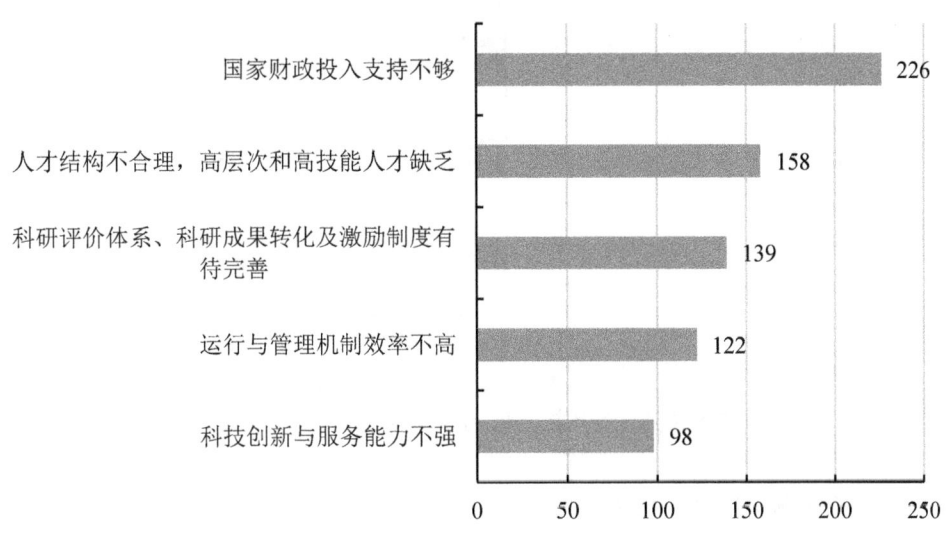

图2-6 本机构面临的主要问题排序得分汇总（单位：分）

2. 本机构发展的主要基础

在列入调查的56家机构中，有49家对本机构发展的主要基础进行了排序。

经计算，各机构发展的主要基础得分由高到低依次为：专业发展方向符合国际科技前沿和国家战略需求（230分）；国家重点实验室、工程技术研究中心等基础科研平台支撑（148分）；科研成果转化潜力较大，市场需求较好（135分）；创新团队基本稳定，对人才具有一定吸引力（125分）；具有稳定的财政支持渠道，可以自主选择研究方向（114分）（图2-7）。此类机构进一步发展的最主要基础是专业发展方向符合国际科技前沿和国家战略需求。我国科技创新已步入以跟踪为主转向跟踪和并跑、领跑并存的新阶段，按照"十三五"规划纲要，急需以国家目标和战略需求为导向，瞄准国际科技前沿，优化配置人财物资源，形成协同创新的新格局。

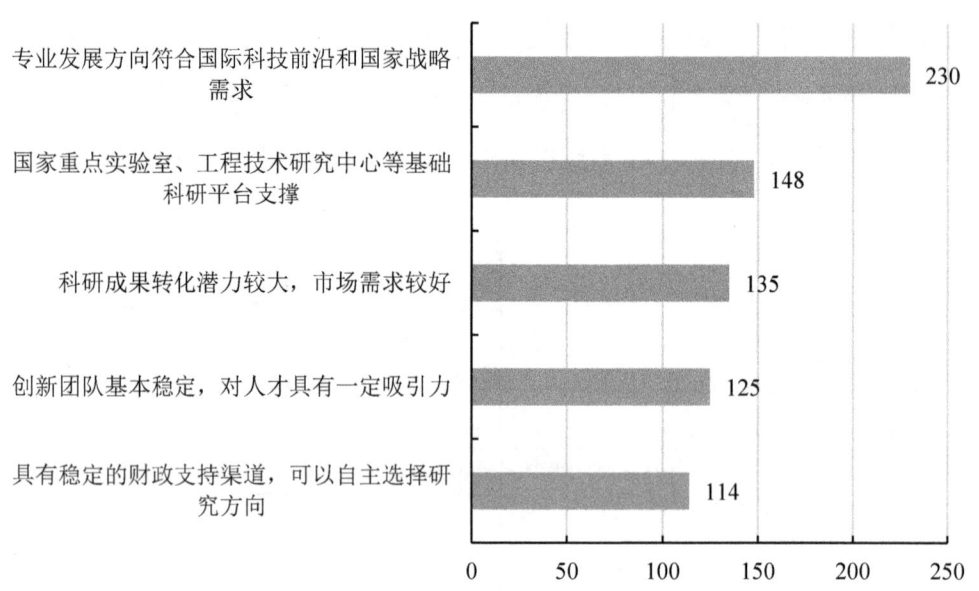

图2-7　本机构发展的主要基础排序得分汇总（单位：分）

3. 本机构当前的工作要点

在列入调查的56家机构中，有49家对本机构当前的工作要点进行了排序。经计算，当前工作要点得分由高到低依次为：加强人才队伍建设，优化人才结构（173分）；加大科研基础设施与设备投入（164分）；加强科研成果转化能力，逐步融入市场（147分）；改革完善运行与管理机制（134分）；调整专业领域和发展方向，适应经济社会发展需求（133分）（图2-8）。目前各类专业人才总量不足、高端人才引进不理想、高素质复合型人才短缺、人才培养建设体系不够完善等问题仍未得到根本解决。当前此类机构工作要点是加强人才队伍建设，优化人才结构，为机构转型与进一步发展提供人才保障。

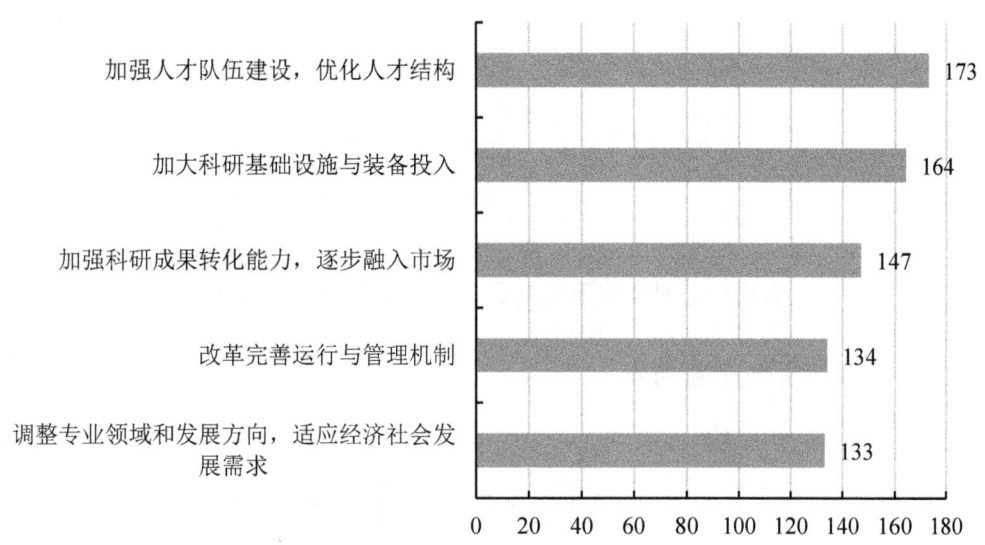

图2-8　本机构当前工作要点排序得分汇总（单位：分）

4. 本机构对科技政策的主要需求

在列入调查的56家机构中，有49家对科技政策的主要需求进行了排序。经计算，各主要需求得分由高到低依次为：进一步明确公益类院所定位（215分）；理顺机构体制机制（167分）；对学科与行业基础性科研工作，予以稳定支持（159分）；调整和完善薪酬制度，调动各类人员的积极性（113分）；加强和落实鼓励科技成果转化的各项政策（107分）（图2-9）。拟转企所的定位使部分机构引进和稳定人才受到限制。当前此类科研机构对科技政策的最主要需求是进一步明确公益院所的职能定位，在保证机构专业性和研究性不变的情况下，与时俱进，切合时代发展大势，做好科学研究，满足社会需求。

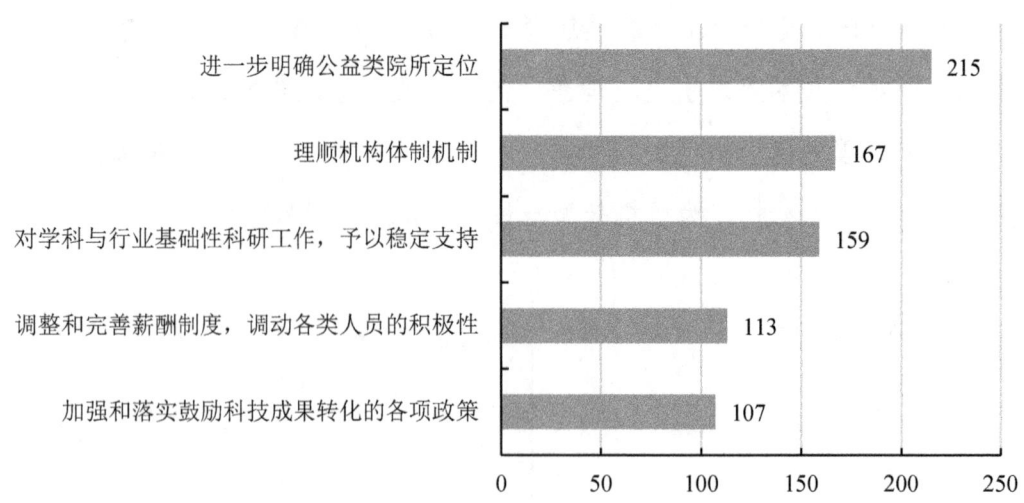

图 2-9 本机构对科技政策的主要需求排序得分汇总（单位：分）

5. 科研机构所办企业情况

（1）所办企业现状

经统计，56家拟转为科技型企业的社会公益类科研机构中，因科研机构自身具备开展技术开发、技术咨询、相关科技产品制造及营销等业务的资质及条件，所以创办的所办企业数量有限，其中22家科研机构曾创办过所办企业。按照事业单位所办企业清理规范的要求，截至2016年底，已有14家科研机构剥离了26家所办企业，同时对部分所办企业已进行了注销（数据不详）。另有12家科研机构的26家所办企业仍处于运行状态（表2-16），但因行业性质、创新实力、投资规模、管理效益、国家政策等因素，发展情况参差不齐，差异较大。

表 2-16 拟转企公益类科研机构所办企业存量状态

序号	机构名称	现存企业数/家
1	中国农业科学院饲料研究所	7
2	中国农业科学院果树研究所	3
3	农业部沼气科学研究所	3
4	中国医学科学院医学生物学研究所	2
5	水利部南京水利水文自动化研究所	2
6	中华全国供销合作总社济南果品研究院	2

序号	机构名称	现存企业数/家
7	中国农业科学院茶叶研究所	2
8	水利部长春机械研究所	1
9	中国热带农业科学院农业机械研究所	1
10	中华全国供销合作总社天津再生资源研究所	1
11	国家林业局北京林业机械研究所	1
12	北京探矿工程研究所	1

典型案例：

1991年，中国农业科学院饲料研究所成立之初，由于事业经费有限，严重制约研究所的生存和发展，因此在稳定科研队伍的同时大力发展科技产业，促进科技成果的推广与转化，成为该研究所十分紧迫的任务。从第二年起，在所领导的统一领导下，科学研究和科技产业两条战线分工合作、相辅相成，全所职工思想统一、艰苦奋斗，形成一种"搞好科研办产业、办好产业反哺科研"的共识，开始探索和建立投资主体多元化的现代企业。经过20年的发展，中国农业科学院饲料所逐步形成了以北京挑战农业科技有限公司和北京英惠尔生物技术有限公司为主体，外加十几家参股企业的产业结构。

2012年前后，饲料所通过股权转让的形式剥离了北京挑战农业科技有限公司和北京英惠尔生物技术有限公司。截至2017年6月，饲料所仍存续运行的所办企业共7家，分别为：北京万物合生物科技有限公司、天津博菲德科技有限公司、北京华思联认证中心、北京精准动物营养研究中心、北京龙科方舟生物工程技术中心、北京中农盛世农业科技有限公司、北京东方汇通信息咨询有限公司。

饲料所的产业伴随饲料所的发展历程，始终发挥着不可替代的作用。但近年来，由于已剥离的企业与现存企业经营领域的划分，且整个饲料行业早已步入微利时代，饲料所从7家所办企业所获得的全部收益，无法承担起反哺科研、支撑研究所正常运转的重任。饲料所目前的运行费用，仍来自于2012年前后剥离饲料所在北京挑战农业科技有限公司和北京英惠尔生物技术有限公司的法人股时一次性所获收益。

（2）面临的困难和问题

通过分析，科研机构创办和发展所办企业面临的困难和问题主要集中在以下几个方面。

一是科研机构转制改革不到位，科研机构性质不明确。部分科研机构在调研中指出，由于事业单位分类改革没有到位，转制所目前地位特殊，定位问题没有解决，未来发展方向也很难确定。

二是创办和发展企业仍面临"事企不分""产权不明晰"等体制机制障碍。部分科研机构在调研中指出，企业的管理者主要是通过研究所、通过行政任命的方式在企业兼职，企业法人同时也是事业单位的固定人员，按规定无法在企业取薪，也就无法将其经济收入与企业经营效益挂钩，导致经营职责不明确。

三是管理制度不健全，缺乏专业的经营管理人才，所办企业管理效率不高。相关科研机构在调研中指出，所办企业经过多年的发展，仍然保持原来的经营模式，延续以前的管理体制，没有现代企业管理理念，事业单位管理企业，难以形成完善的约束和激励机制。

四是所办企业规模小、资金力量不足，产品（或业务）缺乏创新性，无法形成核心竞争力等。相关科研机构在调研中指出，企业在经营过程中面临流动资金不足，缺乏高层次和高技能人才，科技创新能力不强，产品结构单一，抗风险能力弱等困难。

（3）下一步改革意向与政策需求

为推动社会公益类科研机构所办企业的发展，相关科研机构结合自身特色和发展实际，提出了相应的政策需求或建议。

建议明确转制院所的定位问题，按照事企分开的原则创办和发展所办企业，明晰产权，明确职责，加强监管。

建议进一步在产业政策、财税政策等方面加大对科研院所办企业的支持力度，扶持自主创新，推进现代企业管理机制建设。

建议进一步鼓励实行多元化收入分配政策，提高专业技术人才收入，稳定科技创新团队。

建议鼓励企业进行股份制改革，完善奖励激励机制，允许员工参与持股，充分调动员工的积极性和创造性。

6. 落实《促进科技成果转化法》情况

数据显示，56家拟转为科技型企业的社会公益类科研机构中，已有33家科研机构围绕落实国家《促进科技成果转化法》出台（修订）适合本单位的管理办法或早于国家政策开展了促进科技成果转化工作（其中，有13家科研机构在国家《促进科技成果转化法》出台前就已制定了鼓励科技成果转化的相关办法），占此类机构的58.9%。

同时有8家科研机构不涉及科技成果转化或未落实国家《促进科技成果转化法》，另有15家科研机构未明确回答是否落实国家《促进科技成果转化法》。

典型案例：

中国农业科学院兰州兽医研究所，按照农业部、中国农业科学院等管理部门相关文件要求，先后于2015年、2016年制定了《中国农业科学院兰州兽医研究所科技成果转化管理办法》（农科兰兽〔2015〕23号）和《中国农业科学院兰州兽医研究所科技成果转化奖励办法》（农科兰兽〔2016〕201号）。为保障科研人员在成果转化方面的合法利益，建立了健全预警、维权和争端解决机制，推进体制机制创新。2016年，中国农业科学院兰州兽医研究所共签订技术转让协议或产品开发（补充合作）协议5项，合同总金额21210万元。这些科技成果转化极大地调整了转化企业的产品结构，产生了巨大的经济效益，带动了我国兽医生物制品企业的行业发展和科技进步，促进了兽用生物制品产业优化升级。

（四）附表

附表 2-1 2016 年拟转为科技型企业的社会公益类科研机构总收入情况

排名	机构名称	总收入/万元
1	中国医学科学院医学生物学研究所	89008
2	中国农业科学院兰州兽医研究所	38229
3	中粮工程科技（郑州）有限公司	24462
4	中国地质科学院勘探技术研究所	18746
5	中国农业科学院特产研究所	16405
6	中国农业科学院农产品加工研究所	15539
7	国粮武汉科学研究设计院有限公司	15507
8	中国农业科学院蔬菜花卉研究所	15403
9	中国农业科学院烟草研究所	14871
10	中国农业科学院蜜蜂研究所	13241
11	中国民航局测试中心（中国民航局第二研究所）	11897
12	中国农业科学院茶叶研究所	11865
13	中国热带农业科学院农产品加工研究所	11836
14	中国林业科学研究院林产化学工业研究所	11515
15	中国地质科学院郑州矿产综合利用研究所	11339
16	中国地质科学院矿产综合利用研究所	11274
17	北京探矿工程研究所	10675
18	中国地质科学院探矿工艺研究所	10152
19	中国农业科学院郑州果树研究所	9942
20	水利部南京水利水文自动化研究所	9342
21	中国农业科学院麻类研究所	9275
22	中国林业科学研究院木材工业研究所	8940
23	中国水产科学研究院渔业机械仪器研究所	8510
24	中国农业科学院果树研究所	8498
25	农业部沼气科学研究所	7510
26	中国农业科学院饲料研究所	7452
27	中国医学科学院输血研究所	6126
28	中国热带农业科学院椰子研究所	5903
29	中国热带农业科学院香料饮料研究所	5800

排名	机构名称	总收入/万元
30	水利部农村电气化研究所	4639
31	中华全国供销合作总社济南果品研究院	4498
32	国家林业局竹子研究开发中心	3902
33	中华全国供销合作总社杭州茶叶研究所	3068
34	国家林业局哈尔滨林业机械研究所	2744
35	中国水产科学研究院渔业工程研究所	2349
36	中国水产科学研究院长岛增殖实验站	2294
37	中国热带农业科学院农业机械研究所	1791
38	中华全国供销合作总社南京野生植物综合利用研究院	1778
39	中国水产科学研究院北戴河中心实验站	1352
40	中国水产科学研究院营口增殖实验站	1187
41	水利部长春机械研究所	1111
42	中华全国供销合作总社西安生漆涂料研究所	1096
43	中华全国供销合作总社昆明食用菌研究所	1042
44	水利部机电研究所	970
45	中华全国供销合作总社天津再生资源研究所	970
46	国家林业局北京林业机械研究所	969
47	中华全国供销合作总社北京商业机械研究所	742
48	中华全国供销合作总社郑州棉麻工程技术设计研究所	567
49	中国水产科学研究院下营增殖实验站	386

附表 2-2 2016 年拟转企机构纵向科技性收入情况

排名	机构名称	纵向科技性收入/万元
1	中国农业科学院蔬菜花卉研究所	10461
2	中国农业科学院农产品加工研究所	7237
3	中国农业科学院饲料研究所	5304
4	中国地质科学院郑州矿产综合利用研究所	4819
5	水利部南京水利水文自动化研究所	4605
6	中国农业科学院麻类研究所	4382
7	中国民航局测试中心（中国民航局第二研究所）	4229

排名	机构名称	纵向科技性收入/万元
8	中国林业科学研究院木材工业研究所	3616
9	中国医学科学院医学生物学研究所	3530
10	中国农业科学院蜜蜂研究所	3447
11	中国农业科学院果树研究所	2637
12	中国林业科学研究院林产化学工业研究所	2525
13	中国农业科学院烟草研究所	2373
14	中国医学科学院输血研究所	2357
15	中国农业科学院特产研究所	2246
16	中国农业科学院茶叶研究所	1932
17	中国农业科学院郑州果树研究所	1721
18	农业部沼气科学研究所	1225
19	中国水产科学研究院渔业机械仪器研究所	1209
20	中国农业科学院兰州兽医研究所	1113
21	中国地质科学院勘探技术研究所	1086
22	北京探矿工程研究所	961
23	中国热带农业科学院椰子研究所	785
24	中国地质科学院探矿工艺研究所	689
25	中国热带农业科学院香料饮料研究所	673
26	中国热带农业科学院农业机械研究所	643
27	中华全国供销合作总社济南果品研究院	439
28	中华全国供销合作总社杭州茶叶研究所	433
29	水利部农村电气化研究所	413
30	国粮武汉科学研究设计院有限公司	406
31	中粮工程科技（郑州）有限公司	395
32	中华全国供销合作总社昆明食用菌研究所	350
33	中华全国供销合作总社南京野生植物综合利用研究院	304
34	国家林业局哈尔滨林业机械研究所	291
35	国家林业局竹子研究开发中心	276
36	国家林业局北京林业机械研究所	276
37	中国地质科学院矿产综合利用研究所	190
38	中国水产科学研究院渔业工程研究所	157
39	中国水产科学研究院北戴河中心实验站	148

排名	机构名称	纵向科技性收入/万元
40	中华全国供销合作总社西安生漆涂料研究所	136
41	中华全国供销合作总社北京商业机械研究所	122
42	中国水产科学研究院营口增殖实验站	94
43	中华全国供销合作总社郑州棉麻工程技术设计研究所	88
44	水利部机电研究所	84
45	中国水产科学研究院下营增殖实验站	44
46	中华全国供销合作总社天津再生资源研究所	35
47	中国水产科学研究院长岛增殖实验站	0
48	中国热带农业科学院农产品加工研究所	0
49	水利部长春机械研究所	0

附表 2-3 2016 年拟转企机构横向科技性收入情况

排名	机构名称	横向科技性收入/万元
1	中国农业科学院兰州兽医研究所	25537
2	中国地质科学院勘探技术研究所	7741
3	中国农业科学院烟草研究所	4482
4	中国农业科学院特产研究所	3629
5	中国农业科学院茶叶研究所	3292
6	中国农业科学院郑州果树研究所	2924
7	水利部农村电气化研究所	2903
8	国粮武汉科学研究设计院有限公司	2643
9	中国地质科学院探矿工艺研究所	2454
10	中国农业科学院蔬菜花卉研究所	2231
11	中国农业科学院蜜蜂研究所	1678
12	中国农业科学院麻类研究所	1647
13	中国林业科学研究院木材工业研究所	1642
14	水利部南京水利水文自动化研究所	1389
15	中国水产科学研究院渔业机械仪器研究所	1301
16	中国热带农业科学院农产品加工研究所	1275
17	中国水产科学研究院渔业工程研究所	1126
18	中华全国供销合作总社杭州茶叶研究所	1113

排名	机构名称	横向科技性收入/万元
19	中国农业科学院饲料研究所	981
20	中国地质科学院矿产综合利用研究所	968
21	中国林业科学研究院林产化学工业研究所	941
22	中国地质科学院郑州矿产综合利用研究所	917
23	国家林业局竹子研究开发中心	730
24	中国农业科学院农产品加工研究所	713
25	中国民航局测试中心（中国民航局第二研究所）	682
26	水利部长春机械研究所	624
27	北京探矿工程研究所	559
28	中华全国供销合作总社南京野生植物综合利用研究院	508
29	农业部沼气科学研究所	490
30	中华全国供销合作总社济南果品研究院	432
31	中国医学科学院输血研究所	416
32	中国农业科学院果树研究所	314
33	中国热带农业科学院椰子研究所	243
34	水利部机电研究所	107
35	中华全国供销合作总社北京商业机械研究所	95
36	国家林业局北京林业机械研究所	75
37	中国医学科学院医学生物学研究所	44
38	中华全国供销合作总社天津再生资源研究所	33
39	中国热带农业科学院香料饮料研究所	4
40	中国水产科学研究院北戴河中心实验站	3
41	中华全国供销合作总社西安生漆涂料研究所	2
42	中粮工程科技（郑州）有限公司	0
43	中国热带农业科学院农业机械研究所	0
44	中国水产科学研究院营口增殖实验站	0
45	中国水产科学研究院长岛增殖实验站	0
46	中国水产科学研究院下营增殖实验站	0
47	国家林业局哈尔滨林业机械研究所	0
48	中华全国供销合作总社昆明食用菌研究所	0
49	中华全国供销合作总社郑州棉麻工程技术设计研究所	0

附表 2-4 拟转企机构调查数据汇总

调查项	2015 年	2016 年	增长率
（一）人员情况			
1. 在职人员数	7219 人	7519 人	4.16%
2. 在职科技人员数	5342 人	5510 人	3.18%
科技人员数/在职人员数	73.97%	73.28%	-0.69%
3. 人员流动情况			
（1）人员增加数	477 人	359 人	-24.74%
（2）人员减少数	248 人	296 人	19.35%
4. 离退休人员情况			
（1）离退休人员数	5289 人	5504 人	4.07%
（2）离退休人员费用	3.28 亿元	3.40 亿元	3.69%
离退休费/科学事业费	62.05%	58.10%	-6.38%
（二）经营情况			
1. 资产总体情况			
（1）资产总额	97.07 亿元	91.34 亿元	-5.90%
（2）科研仪器设备总原值	15.27 亿元	17.81 亿元	16.67%
（3）净资产总额	60.27 亿元	61.38 亿元	1.83%
净资产率（净资产/总资产）	62.09%	67.19%	8.22%
2. 总收入及构成			
（1）总收入	39.02 亿元	47.67 亿元	22.17%
财政性收入/总收入	60.18%	51.04%	-15.19%
（2）科学事业费	5.29 亿元	5.85 亿元	10.75%
（3）修缮购置专项经费	1.78 亿元	1.69 亿元	-4.98%
（4）基本建设费	2.20 亿元	2.50 亿元	13.47%
基本建设费/总收入	5.64%	5.24%	-7.09%
（5）其他财政拨款	5.25 亿元	6.24 亿元	18.74%
（6）纵向科技性收入	8.97 亿元	8.05 亿元	10.32%
纵向科技性收入/总收入	22.99%	16.89%	-26.53%
（7）横向科技性收入	6.02 亿元	7.89 亿元	30.95%
横向科技性收入/总收入	15.43%	16.55%	7.26%
（8）产品销售收入	7.19 亿元	11.67 亿元	62.28%
产品销售收入/总收入	18.63%	24.48%	31.40%

调查项	2015年	2016年	增长率
（9）其他收入	2.32亿元	3.79亿元	62.99%
（10）出口创汇	273万美元	164万美元	-39.76%
3. 税金	1.04亿元	1.60亿元	54.42%
4. 利润	1.10亿元	1.21亿元	10.29%
（三）主要科技产出			
1. 完成科研项目数	952项	1011项	6.20%
2. 获国家级科技奖励数	10项	38项	280.00%
3. 获省部级科技奖励数	75项	107项	42.67%
4. 获行业科技奖励数	34项	38项	11.76%
5. 专利申请数	1006项	1282项	27.44%
6. 专利授权数	713项	803项	12.62%
发明专利授权数	348项	464项	33.33%
7. 研究生培养总数	459人	420人	-8.50%
博士培养数	98人	92人	-6.12%
硕士培养数	361人	328人	-9.14%
8. 发表论文数	2999人	3179人	6.00%
9. 出版专著数	69部	121部	75.36%

第三部分

转为其他类型事业单位的社会公益类科研机构

转制方案中，转为其他类型事业的社会公益类科研机构原有98家。近年此类机构"属性"的变化较为频繁。转制以来，中国疾病预防控制中心及所属机构共计10家、国家环保总局北方核与辐射安全监督站等4家、卫生部卫生监督中心已退出本序列，水利部信息研究所已撤销，目前此类机构还有80家。由于中国气象局报来的调查材料中一直没有大连市气象科学研究所等7家市级气象科学研究所而有重庆市气象科学研究所等3家省级气象科学研究所，所以目前此类机构可统计对象为76家。

列入2016年度调查范围的有70家，有两家单位未提交数据（四川省骨科医院、国家海洋局海洋发展战略研究所），剩余的68家机构中，有两家单位的数据全为0，故本报告对66家机构的基本数据进行了汇总，占此类机构总数的86.84%；对44家机构完成的科技项目进行了汇总，占此类机构的57.89%。

（一）基本数据调查汇总与分析

1. 人员情况

2016年，参与此次调查的转为其他类型事业单位的社会公益类科研机构从业人员数为13183人，较上年增加2.13%。2016年，此类机构中，从事研究开发、从事科技基础性工作和从事生产经营的各类人员分别占从业人员的35.96%、27.88%、1.75%，合计65.59%。

2016年，此类科研机构中从事研究开发的各类人员合计数，同比下降6.53%；从事科技基础性工作的各类人员合计数，同比增长13.39%；从事生产经营工作的各类人员合计数，同比下降 26.20%（表 3-1）。

表 3-1 职工情况　　　　　　　　　　　　　　　　　　　单位：人

年份	年末在职人员数	其中			
		从事研究开发的人员数	从事科技基础性工作的人员数	从事生产经营的人员数	其他
2012	9207	4589	2575	527	1516
2013	9622	4835	2641	492	1654
2014	9556	5008	2543	670	1335
2015	12908	5072	3241	313	4282
2016	13183	4741	3675	231	4536
2016年增长率	2.13%	-6.53%	13.39%	-26.20%	5.93%

2. 科技人员的年龄结构与学历结构

2016 年，此类机构中的科技人员为 8416 人，增幅为 1.24%，低于同年从业人员数 2.13% 的增长率。

（1）科技人员的年龄结构

2016 年，此类机构科技人员中 30 岁以下、30～40 岁、40～50 岁、50 岁以上这 4 个年龄段的人员数所占比例分别为 20.70%、38.54%、21.11%、19.64%。即科技人员中 40 岁以下的占 59.24%，40 岁以上的占 40.76%。与去年同年龄段调查结果比较，变化不大（表 3-2）。

表 3-2 科技人员的年龄结构　　　　　　　　　　　　　　单位：人

年份	合计	30 岁以下	30～40 岁	40～50 岁	50 岁以上
2012	7164	2117	1994	1982	1071
2013	7476	2221	2259	1833	1163
2014	7551	1979	2603	1668	1301
2015	8313	1988	2940	1763	1622
2016	8416	1742	3244	1777	1653
2016年增长率	1.24%	-12.37%	10.34%	0.79%	1.91%

（2）科技人员的学历结构

2016 年，科技人员中博士与硕士的比例已分别达到 17.55% 和 37.98%，本科学历占 31.08%，三者合计达 86.61%（表 3-3）。

表 3-3 科技人员的学历结构　　　　　　　　　　单位：人

年份	博士	硕士	本科	其他
2012	806	2403	2399	1556
2013	900	2711	2510	1355
2014	1007	2888	2486	1170
2015	1345	3086	2585	1297
2016	1477	3196	2616	1127
2016年增长率	9.81%	3.56%	1.20%	-13.11%

3. 人员流动情况

2016 年，此类机构流入人员数、减少人员数（退休人员+流出人员）、流出人员数，分别为当年从业人员数的 3.73%、3.04%、1.31%。

当年的流入人员数，大于流出人员数及减少人员数（表 3-4、表 3-5）。

表 3-4 人员流入情况　　　　　　　　　　单位：人

年份	专业人员增加数合计	新招毕业生	国内外招聘		其他
			总数	其中：留学归国	
2012	631	439	55	7	137
2013	733	472	83	8	178
2014	636	403	82	6	151
2015	547	347	139	25	61
2016	492	313	103	10	76
2016年增长率	-10.05%	-9.80%	-25.90%	-60.00%	24.59%

表 3-5 人员减少情况　　　　　　　　　　单位：人

年份	合计	退休人员	流出人员
2012	377	209	168
2013	293	173	120
2014	396	164	232
2015	441	269	172
2016	401	228	173
2016年增长率	-9.07%	-15.24%	0.58%

4. 离退休人员的数量与费用

2016年，此类机构的离退休人员数为8458人，同比增长6.11%。

历年离退休人员与从业人员之比：2006年为0.53∶1，2007年为0.54∶1，2008年为0.56∶1，2009年为0.63∶1，2010年为0.69∶1，2011年为0.66∶1，2012年为0.65∶1，2013年为0.66∶1，2014年为0.68∶1，2015年为0.62∶1，2016年为0.64∶1与上年相比，2016年略有上升。

2016年，离退休人员的费用合计为67111.03万元，同比增长13.25%，占当年科学事业费的27.23%。其中，离退休金、医疗费、其他费用分别占离退休人员费用合计的86.09%、8.25%、5.66%（表3-6）。

2016年，人均年离退休费用为79346元，较2015年的74343元增加了5003元。其中，人均离退休金为68312元，较上年的64312元增长了4000元；人均医疗费6545元，较上年的6441元，增长了104元。

表3-6 离退休人员的数量与费用

年份	年末离退休人员数/人	离退休人员费用合计/万元	其中/万元		
			离退休金	医疗费	其他费用
2012	6005	35147.2	30355.04	2539.78	2252.38
2013	6375	37386.3	32725.83	2060.71	2599.76
2014	6489	39921.0	36249.38	2436.45	1235.14
2015	7971	59259.1	51263.0	5133.83	2862.32
2016	8458	67111.0	57778.4	5535.78	3796.87
2016年增长率	6.11%	13.25%	12.71%	7.83%	32.65%

5. 总收入及构成

（1）总收入

2016年，转为其他类型事业单位的公益类科研机构总收入为125.74亿元，同比增长21.54%。

总收入的构成中，由大到小依次是：科学事业费、纵向科技性收入、其他财政拨款、横向科技性收入、基本建设费、产品销售收入、修缮购置专项经费、其他收入（图3-1、图3-2和表3-7）。

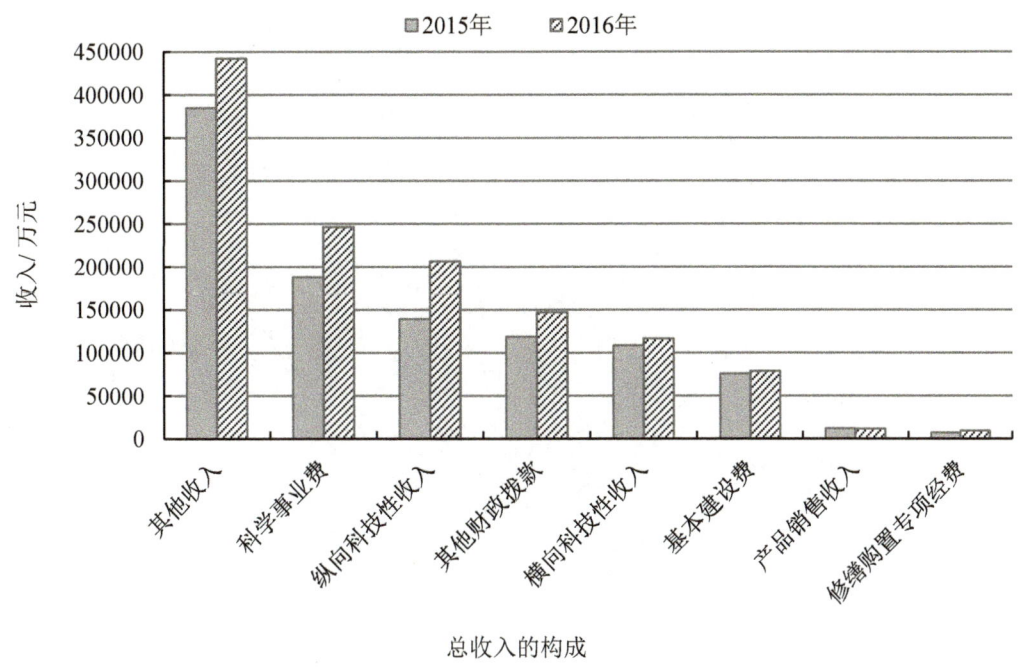

图3-1 转为其他类型事业单位的公益类科研机构各类收入情况

总收入超过2亿元的机构14家，占此类机构总数的21.21%。分别是：中国医学科学院肿瘤医院（421671万元）、青岛海洋地质研究所（91183万元）、中国特种设备检测研究院（72101万元）、中国医学科学院（65998万元）、成都地质调查中心（65692万元）、中国极地研究中心（57812万元）、中国地质调查局西安地质调查中心（49371万元）、中国地质调查局天津地质调查中心（华北地质科技创新中心，39774万元）、中国地质调查局武汉地质调查中心（35569万元）、中国地质调查局南京地质调查中心（32789万元）、中国地质调查局沈阳地质调查中心（27342万元）、水利部水利水电规划设计总院（22900万元）、国家海洋技术中心（22021万元）和中国医学科学院血液病医院（血液学研究所，20996万元）。

1亿~2亿元的7家，占此类机构总数的10.61%；

5000万~1亿元的9家，占此类机构总数的13.64%；

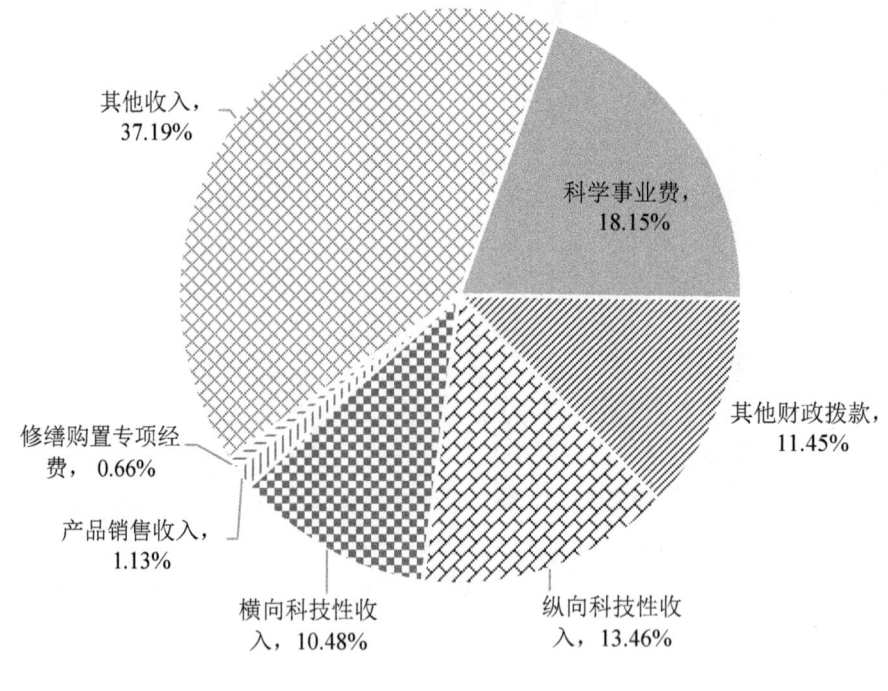

2015 年

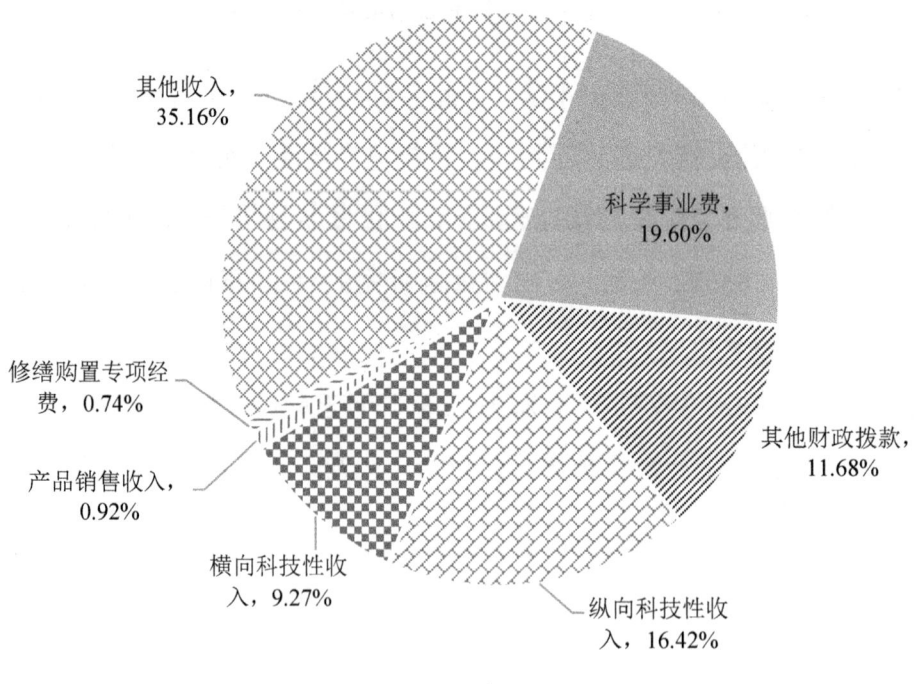

2016 年

图 3-2 转为其他类型事业单位的公益类科研机构总收入的构成

3000万~5000万元的9家，占此类机构总数的13.64%；

1000万~3000万元的13家，占此类机构总数的19.70%；

不足1000万元的14家，占此类机构总数的21.21%。

各科研机构总收入的详细情况，如附表3-1所示。

（2）科学事业费

2016年，此类机构科学事业费24.64亿元，较上年增长31.25%。

此项收入居前5位的机构是：中国医学科学院（65998万元）、成都地质调查中心（58193万元）、中国地质调查局沈阳地质调查中心（26127万元）、中国极地研究中心（18917万元）、中国林业科学研究院热带林业实验中心（8051万元）。

（3）纵向科技性收入

2016年，此类机构纵向科技性收入20.65亿元，较上年增长48.26%。

2016年，此项收入居前5位的是：青岛海洋地质研究所（57480万元）、中国地质调查局武汉地质调查中心（35456万元）、中国地质调查局南京地质调查中心（24739万元）、中国医学科学院肿瘤医院（12206万元）、中国医学科学院血液病医院（血液学研究所，11187万元）。

包括上述5家机构在内，此项收入在5000万元以上的此类机构共有8家，占此类机构总数的12.12%；

2000万~5000万元的有8家，占此类机构总数的12.12%；

1000万~2000万元的有3家，占此类机构总数的4.55%；

500万~1000万元的有11家，占此类机构总数的16.67%；

200万~500万元的有6家，占此类机构总数的9.09%；

200万元以下的机构有30家，占此类机构总数的45.45%；

没有此项收入的机构有14家，占此类机构总数的21.21%。

纵向科技性收入的详细情况，如附表3-2所示。

(4) 横向科技性收入

2016年，横向科技性收入为11.66亿元，较上年增长7.47%。

此项收入居前5位的机构是：中国特种设备检测研究院（52048万元）、珠江水利委员会珠江水利科学研究院（13851万元）、成都地质调查中心（6745万元）、国家海洋技术中心（5349万元）和中国地质调查局西安地质调查中心（5206万元）。

包括以上机构在内的横向科技性收入达到5000万元以上的机构有5家，占此类机构总数的7.58%；2000万~5000万元的有6家，占此类机构总数的9.09%；1000万~2000万元的有5家，占此类机构总数的7.58%；500万~1000万元的有7家，占此类机构总数的10.61%；200万~500万元的有8家，占此类机构总数的12.12%；200万元以下的机构有35家，占此类机构总数的53.03%，其中没有此项收入的机构有19家，占此类机构总数的28.79%。

横向科技性收入的详细情况，如附表3-3所示。

表3-7 全年总收入及构成 单位：万元

年份	全年总收入	科学事业费	其他财政拨款	纵向科技性收入	横向科技性收入	产品销售收入	修缮购置专项经费	其他收入
2012	448153	75338	115714	100097	88313	28796	4153	26260
2013	627108	190786	155128	96668	92172	34207	8998	27090
2014	556747	193445	77671	134311	96811	1550	1550	23613
2015	1034589	187743	118465	139250	108470	11667	6788	384801
2016	1257434	246415	146858	206458	116572	11585	9298	444021
2016年增长率	21.54%	31.25%	23.97%	48.26%	7.47%	-0.70%	36.98%	15.39%

6. 资产、利润与税金

（1）资产总额

2016年，此类机构的资产总额为216.62亿元，比上一年增长10.94%（表3-8）。

（2）净资产

2016年，此类机构的净资产为146.84亿元，较上一年增长13.22%（表3-8）。

净资产居前5位的机构是：中国医学科学院肿瘤医院（39.18亿元）、中国特种设备检测研究院（14.66亿元）、环境保护部核与辐射安全中心（8.51亿元）、中国医学科学院血液病医院（血液学研究所，6.99亿元）、青岛海洋地质研究所（6.79亿元）。

2016年，此类机构的净资产率为67.79%，较上年的66.42%有所上升。

（3）上缴税金

此类机构2015年、2016年均没有上缴税金（表3-8）。

表3-8 资产与上缴税金　　　　　　　单位：亿元

年份	资产总额	其中科研仪器设备	净资产	上缴税金
2012	68.50	12.71	53.22	0.73
2013	93.34	15.85	73.64	0.78
2014	104.26	17.91	85.08	1.01
2015	195.25	23.44	129.69	0
2016	216.61	24.84	146.84	0
2016年增长率	10.94%	5.94%	13.22%	0

7. 人均年货币收入

2016年，此类机构职工的人均年货币收入继续平稳增长。其中，人均年货币收入3万元以上52家，占78.79%；4万元以上52家，占78.79%；5万元以上52家，占78.79%；6万元以上的机构51家，占77.27%；8万元以上的46家，占69.70%；10万元以上的30家，占45.45%（表3-9和图3-3）。

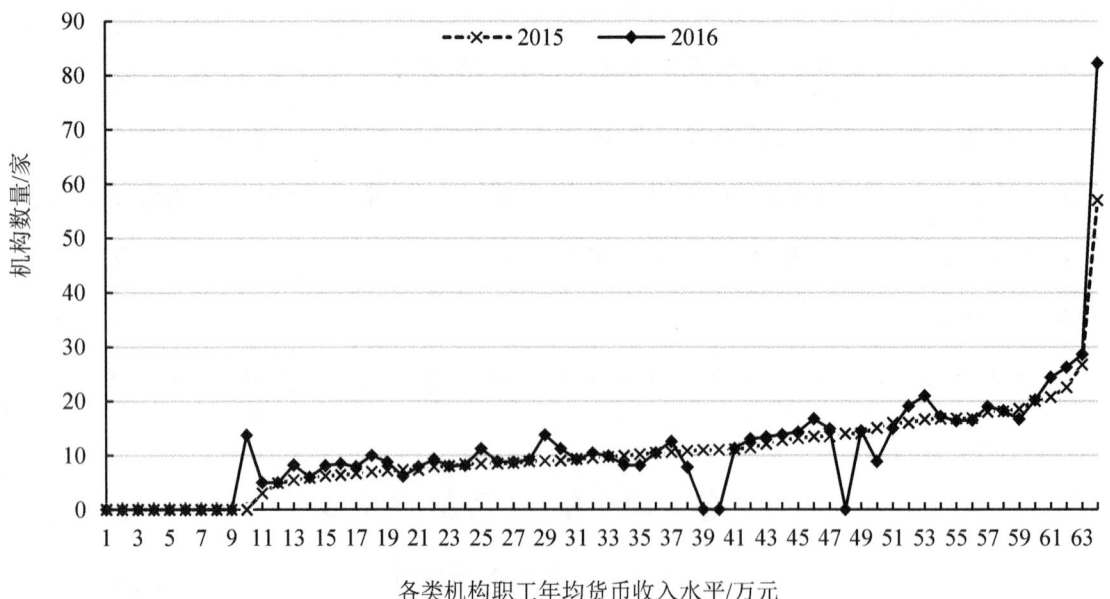

图 3-3　转为其他类型事业单位的公益类科研机构年均货币收入的机构分布

表 3-9　近 6 年不同档次"职工人均年货币收入"机构比例的变化

年份	2万元以上	3万元以上	4万元以上	5万元以上	6万元以上	8万元以上	10万元以上
2005	70.8%	48.60%	22.20%	—	—	—	—
2006	85.7%	70.30%	40.70%	—	—	—	—
2007	88.6%	74.70%	54.40%	—	—	—	—
2008	93.4%	84.20%	55.30%	35.50%	—	—	—
2009	98.6%	91.30%	71.00%	55.10%	36.20%	—	—
2010	—	98.50%	91.2%	72.10%	45.60%	22.10%	17.60%
2011	—	98.51%	92.54%	82.09%	62.69%	37.31%	22.39%
2012	—	98.51%	91.04%	79.10%	64.18%	40.30%	22.39%
2013	—	88.06%	88.06%	80.60%	71.64%	40.30%	22.39%
2014	—	88.06%	88.06%	85.07%	79.10%	59.70%	49.25%
2015	—	83.33%	81.82%	80.30%	77.27%	65.15%	46.97%
2016	—	78.79%	78.79%	78.79%	77.27%	69.70%	46.97%

说明：自 2010 年的调查起，新增了"5 万元以上"这一档次，2011 年增加了"6 万元以上"这一档次，同时取消了"2 万元以上"这一档次；2012 年又增加了"8 万元以上"和"10 万元以上"两档。

8. 主要科技产出

与上一年相比，2016年11项主要科技产出指标中，有6项指标均有所上升，5项指标有所下降：

上升指标包括获行业级科技奖励数、专利申报数、发表论文数、专利授权数、发明专利授权数、培养硕士生研究人数；

下降指标包括完成科研项目数、获国家级科技奖励数、获省部级科技奖励数、培养博士生研究人数、出版专著数（表3-10、表3-11）。

表3-10 主要科技产出之一

年份	完成科研项目数/项	获国家级科技奖励数/项	获行业科技奖励数/项	发表论文/篇	出版专著/部
2012	1150	3	20	2476	70
2013	1040	3	30	2601	97
2014	1194	32	30	2967	113
2015	1410	21	32	3580	127
2016	1352	8	52	3908	124
2016年增长率	-4.11%	-61.90%	62.50%	9.16%	-2.36%

表3-11 主要科技产出之二

年份	专利/项			研究生培养/人	
	申报数	授权数	其中发明专利	博士	硕士
2012	236	167	52	142	173
2013	298	227	61	70	296
2014	239	283	78	69	236
2015	478	397	132	755	902
2016	579	555	157	736	966
2016年增长率	21.13%	39.80%	18.94%	-2.52%	7.10%

（二）完成的重大科技项目

为了解转为其他类型事业单位的社会公益类科研机构在这一期间取得重大科技项目的基本情况，在2012年的跟踪调查内容中特意增加了这方面的调查内容。

调查表中，对该项调查内容所做的说明与限定，与"按非营利管理和运行的社会公益类科研机构"相同。

参与此次调查的 66 家科研机构中，有 44 家填报了取得的重大科技项目，占机构总数的 66.67%；共填报重大科技项目 44 项（一所一项），见表 3-12~表 3-14 所示。

表 3-12　重大科技成果研发周期汇总

研发周期	项目数/项	占比
1~2 年	6	13.64%
2~3 年	12	27.27%
3~5 年	22	50.00%
5~10 年	3	6.82%
10 年以上	1	2.27%

表 3-13　重大科技成果研发经费投入汇总

累计经费投入	项目数/项	占比
小于 500 万元	27	61.36%
500 万~1000 万元	8	18.18%
1000 万~2000 万元	5	11.36%
2000 万~5000 万元	1	2.27%
5000 万~1 亿元	2	4.55%
1 亿元以上	1	2.27%

1. 重大科技项目

——研发周期

●成果研发周期：

表 3-14 中，"研发周期"分为 A~E 5 个档。在表 3-12 中不同研发周期的成果中，3~5 年的居第 1 位；占 50%（22 项）；2~3 年的居第 2 位，占 27.27%（12 项）；1~2 年的居第 3 位，占 13.64%（6 项）；5~10 年和 10 年以上的

分别居第 4 位和第 5 位,分别占 6.82%(3 项)和 2.27%(1 项)。

——**研发累计经费投入**

研发累计经费投入分 6 个档,分档及各档的比例详见表 3-14。通过表 3-13 可以看出,小于 500 万元的项目占 61.36%(27 项),500 万~1000 万元的项目占 18.18%(8 项),即 1000 万元以内的项目占到了 79.55%。而 1000 万~2000 万元、2000 万~5000 万元、5000 万~1 亿元、1 亿元以上的 4 个档次的项目合计为 20.45%(9 项)。

可见,此类机构科研成果的累计经费投入总体水平不高。

——**国际合作情况**

有国际合作情况的成果有 4 项,占成果总数的 9.09%。与其他类型的科研机构相比,其国际合作的水平一般。

2. 重大科技成果汇总

表 3-14 为转为其他类型事业单位的社会公益类科研机构重大科技成果汇总。

表 3-14 转为其他类型事业单位的社会公益类科研机构重大科技成果汇总

机构名称	项目名称	研发周期					经费投入					国际合作
		A	B	C	D	E	a	b	c	d	e	
河北省气象科学研究所	河北冬小麦、夏玉米厌熟区突发性灾害防控技术研究与示范		√				√					
中国热带农业科学院海口实验站	国家自然科学基金青年基金		√				√					
中国热带农业科学院分析测试中心	典型手性有机磷农药对映体的拆分及联合生态毒性研究		√				√					
中国极地研究中心	极地微生物资源及其活性产物功能的发现与利用研究			√				√				
水利部中国科学院水工程生态研究所	三峡库区及长江中游生态系统结构与功能完善关键技术研究与示范			√			√		√			
中国特种设备检测研究院	成套石化装置风险可视化预警技术研究及实现			√								
珠江水利委员会珠江水利科学研究院	城市污泥无害化处理与农林业资源化利用				√				√			
中国林业科学研究院华北林业实验中心	结构调控对人工林稳定性的影响机制			√			√					
中国地质调查局南京地质调查中心	丹阳坡地地质环境综合调查			√						√		
农业部南京农业机械化研究所	新型统收式采摘技术与轻型采棉机								√			

机构名称	项目名称	研发周期					经费投入					国际合作
		A	B	C	D	E	a	b	c	d	e	
中国地质调查局西安地质调查中心	甘肃北山营毛沱-玉石山地区铁铜金钨多金属矿三维电磁测量试验						√					
国土资源实物地质资料中心	国家级岩心标本采集及数字化			√							√	
山东省气象科学研究所	回波合并在线状中尺度对流系统生成演变中的作用研究		√				√					
内蒙古自治区气象科学研究所	内蒙古暴风雪成因及预报技术研究			√			√					
中国医学科学院血液病医院（血液学研究所）	探索中胚层组织干细胞自我更新和分化的诱导手段及疾病治疗方法							√				
浙江省气象科学研究所	杭州地区灰霾天气历史演变特征、形成机制及预报技术研究		√				√					
国家体育总局体育信息中心	备战2016年里约奥运会实力分析、综合信息研究与服务	√					√					
水利部产品质量标准研究所	环保型多功能混凝土搅拌楼（站）关键技术研发及应用		√					√				
青岛海洋地质研究所	全新世以来长江远端三角洲的物质混合及其环境指示			√			√					
水利部水工金属结构质量检验测试中心	中央级科学事业单位修缮购置项目	√							√			

机构名称	项目名称	研发周期					经费投入					国际合作
		A	B	C	D	E	a	b	c	d	e	
中国地质调查局天津地质调查中心（华北地质科技创新中心）	蒙古东方省铅锌多金属资源潜力评价合作研究			√				√				√
中国医学科学院肿瘤医院	食管癌多维度分子网络研究			√				√				
宁夏回族自治区气象科学研究所	贺兰山东麓酿酒葡萄春季晚霜冻灾害防御技术研究		√				√					
中国水产科学研究院珠江水产研究所	美洲鲥繁育及养殖关键技术研究与应用			√			√					
黑龙江省气象科学研究所	基于卫星遥感通用特征空间技术的黑龙江省农区干旱监测研究	√					√					
中国医学科学院整形外科医院	RANKL/RANK/OPG 系统在经骨牵引成骨中的作用	√					√					
中国热带农业科学院湛江实验站	辣木标准化高产栽培技术示范与推广			√			√					
中国农业科学院农田灌溉研究所	污灌农田及退化土壤修复关键技术；作物需水信息采集与智能控制灌溉技术		√									
成都地质调查中心	四川盆地页岩气基础地质调查			√			√					
国家海洋技术中心	全国市县级海洋功能编制研究及应用示范			√							√	

第三部分 转为其他类型事业单位的社会公益类科研机构

机构名称	项目名称	研发周期					经费投入					国际合作
		A	B	C	D	E	a	b	c	d	e	
水利部水利水电规划设计总院	水利工程安全评价与鉴定标准关键技术研究			√			√					
河南省气象科学研究所	夏玉米花期弱光逆境对籽粒及产量形成的影响机理		√				√					
环境保护部核与辐射安全中心	CAP1400安全评审技术及独立验证试验			√							√	
中国林业科学研究院沙漠林业实验中心	生态经济型优良白刺遗传资源及其繁育技术引进			√			√					
中国林业科学研究院亚热带林业实验中心	中国林科院亚热带林业实验中心国家油茶良种基地				√			√				
安徽省气象科学研究所	气象探测环境代表性的高分辨率卫星遥感评估方法研究		√			√	√					
中国水产科学研究院长江水产研究所	怒江澜沧江鱼类资源调查与保护技术						√					
水利部长江勘测技术研究所	多模式声纳综合扫描系统在河湖沉积物调查及侵蚀研究中的作用	√						√				
中国农业科学院农业质量标准与检测技术研究所	农产品中典型化学污染物精准识别与确证检测关键技术研究及应用				√		√					
吉林省气象科学研究所	吉林省暴雨洪涝灾害的监测和预警技术研究			√			√					

机构名称	项目名称	研发周期 A	B	C	D	E	经费投入 a	b	c	d	e	国际合作
重庆市气象科学研究所	高山蔬菜根肿病综合防控E技术示范推广	√					√					
湖南省气象科学研究所	超级稻超高产栽培气象保障技术研究			√			√					
国家林业局泡桐研究开发中心	杜仲材用和药用林定向培育关键技术研究			√			√					√
中国热带农业科学院广州实验站	木薯废弃物开发园艺栽培介质生产研究		√				√					

注：

研发周期：A 为 1～2 年，B 为 2～3 年，C 为 3～5 年，D 为 5～10 年，E 为 10 年以上。

经费投入：a 为小于 500 万元，b 为 500 万～1000 万元，c 为 1000 万～2000 万元，d 为 2000 万～5000 万元，e 为 5000 万～1 亿元。以上两项的填报方法都是根据自身情况择一打"√"。

国际合作中，标有"√"的为国际合作项目。

（三）发展现状与展望

为了更直观地反映问卷统计结果，本报告将排序1、2、3、4、5分别赋值5分、4分、3分、2分、1分进行计算。总分最多的一项是大多数机构认为排在第1位的最主要问题。

1. 本机构面临的主要问题

在本年度报告中回函单位70家机构中，有66家对本机构面临的主要问题进行了排序。经计算，各问题得分由高到低依次为：人才结构不合理，高层次和高技能人才缺乏（217分）；科技创新与服务能力不强（211分）；科研评价体系、科研成果转化及激励制度有待完善（202分）；国家财政投入支持不够（198分）；运行与管理机制效率不高（147分），如图3-4所示。此类科研机构目前面临最突出的问题就是人才结构不合理，高层次和高技能人才缺乏。

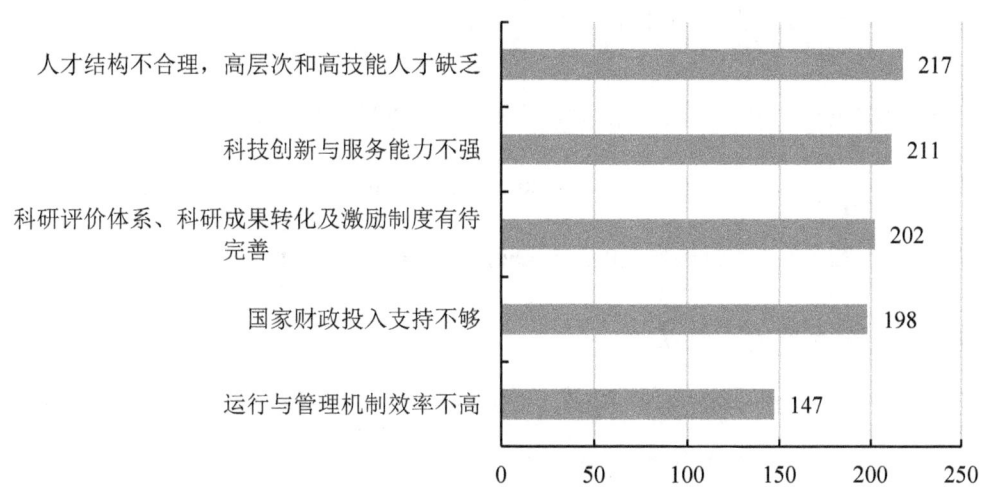

图3-4 本机构面临的主要问题排序得分汇总（单位：分）

2. 本机构发展的主要基础

在本年度报告中回函单位70家机构中，有66家对本机构发展的主要基础进行了排序。经计算，各机构发展主要基础得分由高到低依次为：专业发展方向符合国际科技前沿和国家战略需求（280分）；具有稳定的财政支持渠道，可以自主选择研究方向（213分）；创新团队基本稳定，对人才具有一定吸引力（178分）；国家重点实验室、工程技术研究中心等基础科研平台支撑（158分）；科研成果转化潜力较大，市场需求较好（146分），如图3-5所示。专业发展方向符合国际科技前沿和国家战略需求是"十三五"国家科技创新规划重要内容，同时也是此类机构目前发展的最为主要基础。有了明确的专业发展方向指引，可以针对性建设重点实验室、工程研究中心，组建创新团队，进而产生国际国内先进水平科研成果，满足国家战略需求。

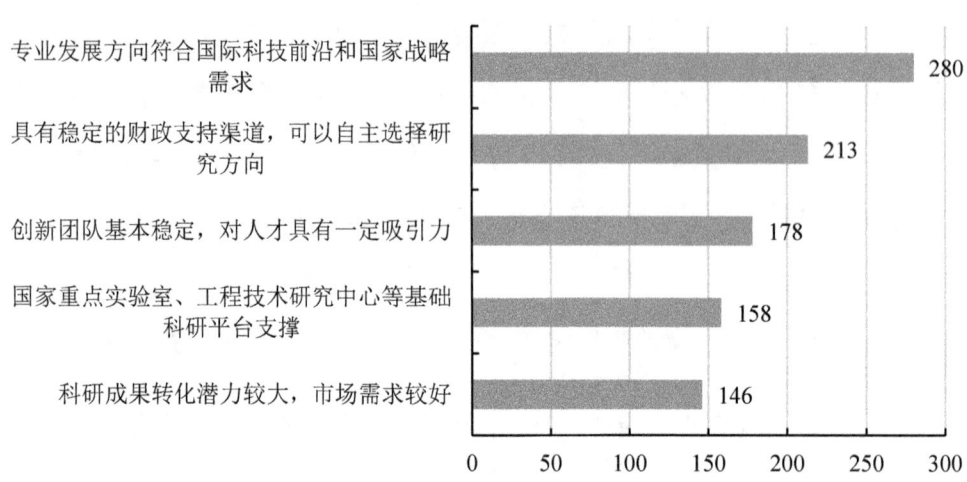

图3-5 本机构发展的主要基础排序得分汇总（单位：分）

3. 本机构当前的工作要点

在本年度报告中回函单位70家机构中，有66家对本机构当前工作要点进行了排序。经计算，各工作要点得分由高到低依次为：加强人才队伍建设，优化人才结构（236分）；改革完善运行与管理机制（210分）；加大科研基础设施与设备投入（199分）；加强科研成果转化能力，逐步融入市场（175分）；调整专业领域和发展方向，适应经济社会发展需求（155分），如图3-6所示。此类机构当前最重要的是加强人才队伍建设，优化人才结构。高精尖人才紧缺、青年技术人员能力不足，急需全面提升队伍整体素质和科研能力。其次是管理工作还缺乏相互沟通与有效配合，综合管理的科学化、精细化水平亟待提高，需要改革完善运行与管理机制。

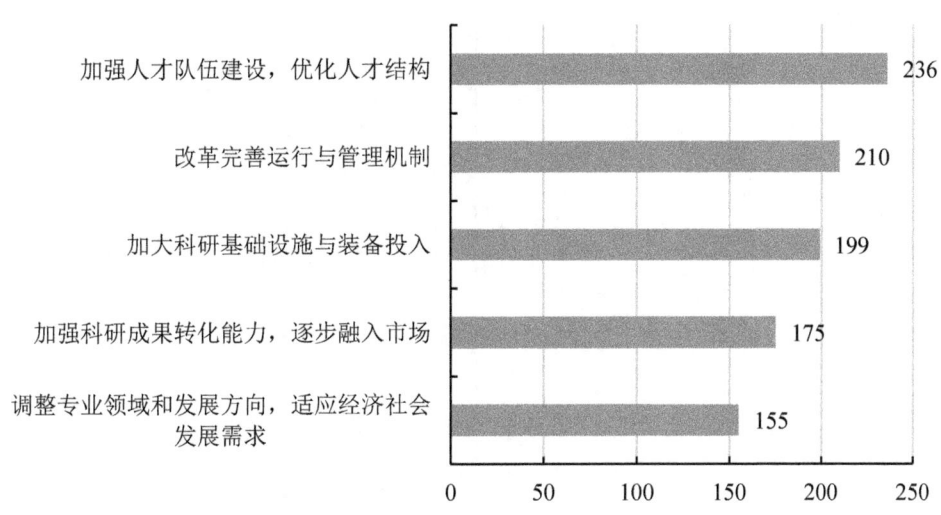

图3-6 本机构当前工作要点排序得分汇总（单位：分）

4. 本机构对科技政策的主要需求

在本年度报告中回函单位70家机构中，有66家对本机构对科技政策的主要需求进行了排序。经计算，各机构对科技政策的主要需求得分由强到弱依次为：对学科与行业基础性科研工作，予以稳定支持（222分）；进一步明确公益类院所定位（212分）；调整和完善薪酬制度，调动各类人员的积极性（211分）；理顺机构体制机制（171分）；加强和落实鼓励科技成果转化的各项政策（159分），如图3-7所示。对学科与行业基础性科研工作，予以稳定支持是此类科研机构对科技政策的最急迫的主要需求。

5. 科研机构所办企业情况

（1）所办企业现状

经统计，70家转为其他类型事业单位的社会公益类科研机构中，仅有12家科研机构曾创办过所办企业（表3-15）。按照事业单位所办企业清理规范的要求，截至2016年底，已有5家科研机构剥离了10家所办企业。另有10家科研机构的21家所办企业处于运行状态。但所办企业因行业性质、创新实力、投资规模、管理效益、国家政策等因素，发展情况存在较大差异。

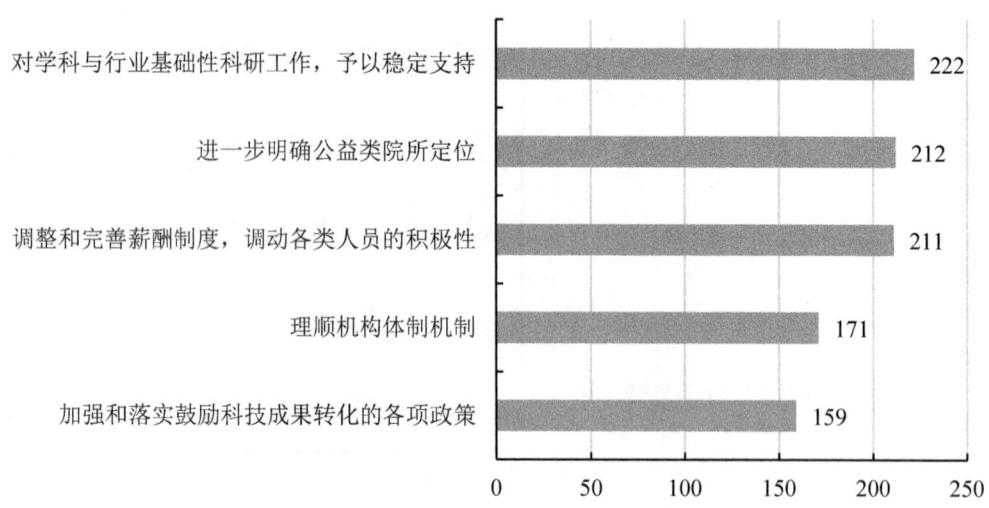

图 3-7 本机构对科技政策的主要需求排序得分汇总（单位：分）

表 3-15 转为其他事业单位公益类科研机构所办企业存量状态

序号	机构名称	现存企业数/家
1	中国水产科学研究院珠江水产研究所	6
2	中国医学科学院血液病医院（血液学研究所）	3
3	水利部水利水电规划设计总院	3
4	水利部产品质量标准研究所	2
5	中国农业科学院农田灌溉研究所	2
6	中国热带农业科学院海口实验站	1
7	中国特种设备检测研究院	1
8	珠江水利委员会珠江水利科学研究院	1
9	水利部水工金属结构质量检验测试中心	1
10	中国林业科学研究院热带林业实验中心	1

典型案例：

中国水产科学研究院珠江水产研究所，目前对外开展经营的所全资企业有 4 个，包括珠江水产研究所水产药物实验厂、珠江水产研究所水产饲料厂、珠江水产研究所水产良种基地和广州微湖生物科技有限责任公司。另外，珠江水产研究所水产药物实验厂全资设立了广州普麟生物制品有限公司，参股广东大鱼生物药业有限公司（股权10%）、珠江水产研究所水产饲料厂参股广东佛山珠水生物科技有限公司（股权10%）。

水产药物实验厂含全资子公司目前年销售收入约1600万~1700万元，利润200万元左右；珠江水产研究所水产良种基地年销售收入约400万元，净利润100万元左右；珠江水产研究所水产饲料厂和广州微湖生物科技有限责任公司则由于行业政策、竞争等原因，面临亏损。参股的广东大鱼生物药业有限公司和广东佛山珠水生物科技有限公司目前亏损。未来，中国水产科学研究院珠江水产研究所计划将珠江水产研究所水产饲料厂合并到药厂；广州微湖生物科技有限责任公司注销后业务由药厂承接。

（2）面临的困难和问题

通过分析，转为其他类型事业单位的社会公益类科研机构创办和发展所办企业面临的困难和问题主要集中在以下几个方面。

一是创办和发展企业仍面临"事企不分""产权不明晰"等体制机制障碍。相关机构在调研中指出，该科研机构为了弥补事业经费不足、安置分流人员，创办了所办企业，并办理了企业产权登记程序，但大部分企业没有产权明晰的独立经营场所，场所和部分设施设备仍属于研究所。

二是管理制度不健全，引人用人制度不灵活，所办企业管理效率不高。相关机构在调研中指出，所办企业很难建立健全的现代企业管理制度，薪酬奖励制度都比较落后，无法有效调动各类人员的积极性。

三是缺乏专业的经营管理人才，经营管理、市场意识与市场经济发展不相适应。相关机构在调研中指出，所办企业缺乏真正熟悉市场经济运行规律、政策法规等职业管理人员。

四是所办企业规模小、资金力量不足，产品（或业务）缺乏创新性，无法形成核心竞争力等。相关机构在调研中指出，现有企业弱小散，研发投入不足，转化所内成果不多。

(3) 下一步改革意向与政策需求

为推动社会公益类科研机构所办企业的发展，相关科研机构结合自身特色和发展实际，围绕下一步发展目标，提出了相应的政策建议或意见。

建议进一步完善"事企分开，产权明晰，职责明确"科研机构创办企业政策。

建议进一步鼓励实行多元化收入分配政策，激励相关人员积极性和创造性。

建议进一步鼓励股份制改革，通过债转股形式处理部分企业历史遗留问题。

6. 落实《促进科技成果转化法》情况

数据显示，围绕落实国家《促进科技成果转化法》，有39家科研机构根据国家《促进科技成果转化法》出台（修订）适合本单位的管理办法或参照国家政策执行，占比55.7%。

同时也有25家科研机构不涉及科技成果转化工作或未落实国家《促进科技成果转化法》，另有6家科研机构未明确回答是否落实国家《促进科技成果转化法》。

典型案例：

2016年，青岛海洋地质研究所累计获发明专利授权6项，实用新型专利授权25项，申报软件著作权2项，科技成果数量明显增加，但由于海洋地质学专业技术的特殊性，绝大多数海洋地质科技成果不具有转化为全社会使用的普适性，而主要是在单位内部项目实施中的应用，还达不到业内广泛应用的程度，需要进一步推广开发，达到成果转化的效益最大化。依据《中华人民共和国促进科技成果转化法》《国土资源部促进科技成果转化暂行办法》《中国地质调查局促进科技成果转化实施管理办法》等，结合自身实际，青岛海洋地质研究所编制了《青岛海洋地质研究所促进地质科技成果转化实施管理办法》。管理办法的实施，将大幅激励科技成果转化，积极促进更多的科技成果转化为现实生产力。

（四）附表

附表 3-1 2016 年转为其他类型事业单位科研机构总收入

排名	机构名称	总收入/万元
1	中国医学科学院肿瘤医院	421671.28
2	青岛海洋地质研究所	91183.63
3	中国特种设备检测研究院	72101.46
4	中国医学科学院	65998.00
5	成都地质调查中心	65692.00
6	中国极地研究中心	57812.29
7	中国地质调查局西安地质调查中心	49371.64
8	中国地质调查局天津地质调查中心（华北地质科技创新中心）	39774.31
9	中国地质调查局武汉地质调查中心	35569.00
10	中国地质调查局南京地质调查中心	32789.33
11	中国地质调查局沈阳地质调查中心	27342.70
12	水利部水利水电规划设计总院	22900.53
13	国家海洋技术中心	22021.01
14	中国医学科学院血液病医院（血液学研究所）	20996.32
15	珠江水利委员会珠江水利科学研究院	19381.41
16	农业部南京农业机械化研究所	16908.57
17	中国电影艺术研究中心（中国电影资料馆）	14507.28
18	中国林业科学研究院热带林业实验中心	13652.21
19	中国水产科学研究院长江水产研究所	12099.46
20	中国水产科学研究院珠江水产研究所	11926.87
21	水利部产品质量标准研究所	10179.51
22	国家体育总局运动医学研究所	9245.14
23	中国农业科学院农业质量标准与检测技术研究所	9207.35
24	国土资源实物地质资料中心	9101.27
25	中国林业科学研究院亚热带林业实验中心	7917.02
26	水利部中国科学院水工程生态研究所	6940.99
27	中国农业科学院农田灌溉研究所	6373.78
28	中国地质博物馆	6298.00
29	中国林业科学研究院林业科技信息研究所	6010.99

排名	机构名称	总收入/万元
30	中国热带农业科学院海口实验站	5643.51
31	环境保护部核与辐射安全中心	4975.73
32	国家林业局泡桐研究开发中心	4841.45
33	中国林业科学研究院沙漠林业实验中心	4751.16
34	水利部长江勘测技术研究所	4357.17
35	水利部水工金属结构质量检验测试中心	4243.02
36	中国热带农业科学院分析测试中心	4063.30
37	国家体育总局体育信息中心	3833.80
38	中国医学科学院皮肤病医院（研究所）	3425.33
39	浙江省气象科学研究所	3203.53
40	中国林业科学研究院华北林业实验中心	2781.00
41	内蒙古自治区气象科学研究所	2475.17
42	宁夏回族自治区气象科学研究所	2448.57
43	中国热带农业科学院广州实验站	2013.70
44	中国热带农业科学院湛江实验站	1913.39
45	中国热带农业科学院科技信息研究所	1569.87
46	广西壮族自治区气象减灾研究所	1568.00
47	吉林省气象科学研究所	1539.31
48	国家林业局桉树研究开发中心	1514.00
49	云南省气象科学研究所	1257.00
50	重庆市气象科学研究所	1249.10
51	天津市气象科学研究所	1226.07
52	山东省气象科学研究所	1059.20
53	中国医学科学院整形外科医院	988.04
54	湖南省气象科学研究所	937.42
55	山西省气象科学研究所	912.76
56	青海省气象科学研究所	825.30
57	国家测绘地理信息局测绘标准化研究所	746.52
58	黑龙江省气象科学研究所	701.83
59	河南省气象科学研究所	660.28
60	西藏高原大气环境科学研究所	609.12
61	河北省气象科学研究所	558.41
62	海南省气象科学研究所	423.98

排名	机构名称	总收入/万元
63	福建省气象科学研究所	403.50
64	陕西省气象科学研究所	359.01
65	安徽省气象科学研究所	229.08
66	贵州省山地环境气候研究所	0.00

附表 3-2 2016 年转为其他类型事业单位科研机构纵向科技性收入

排名	机构名称	纵向科技性收入/万元
1	青岛海洋地质研究所	57479.97
2	中国地质调查局武汉地质调查中心	35456.00
3	中国地质调查局南京地质调查中心	24739.00
4	中国医学科学院肿瘤医院	12205.59
5	中国医学科学院血液病医院（血液学研究所）	11187.40
6	中国特种设备检测研究院	11077.46
7	农业部南京农业机械化研究所	8147.00
8	国土资源实物地质资料中心	5180.00
9	国家海洋技术中心	4279.44
10	中国地质博物馆	4205.00
11	中国水产科学研究院珠江水产研究所	3457.07
12	中国医学科学院皮肤病医院（研究所）	3392.52
13	珠江水利委员会珠江水利科学研究院	3230.41
14	中国极地研究中心	2698.63
15	中国水产科学研究院长江水产研究所	2452.51
16	环境保护部核与辐射安全中心	2110.02
17	宁夏回族自治区气象科学研究所	1539.67
18	国家林业局桉树研究开发中心	1159.20
19	水利部中国科学院水工程生态研究所	1042.05
20	中国农业科学院农业质量标准与检测技术研究所	993.60
21	中国医学科学院整形外科医院	985.48
22	国家林业局泡桐研究开发中心	853.31
23	青海省气象科学研究所	825.30
24	中国热带农业科学院海口实验站	819.42
25	中国农业科学院农田灌溉研究所	759.59

排名	机构名称	纵向科技性收入/万元
26	中国地质调查局西安地质调查中心	722.47
27	水利部产品质量标准研究所	691.50
28	重庆市气象科学研究所	582.10
29	中国林业科学研究院亚热带林业实验中心	574.90
30	中国林业科学研究院林业科技信息研究所	500.17
31	中国林业科学研究院热带林业实验中心	331.26
32	中国热带农业科学院科技信息研究所	303.48
33	中国热带农业科学院湛江实验站	280.87
34	中国热带农业科学院分析测试中心	247.04
35	中国林业科学研究院沙漠林业实验中心	231.34
36	云南省气象科学研究所	201.54
37	黑龙江省气象科学研究所	190.49
38	浙江省气象科学研究所	180.52
39	湖南省气象科学研究所	172.02
40	安徽省气象科学研究所	161.80
41	国家体育总局运动医学研究所	153.80
42	河北省气象科学研究所	136.00
43	福建省气象科学研究所	109.00
44	西藏高原大气环境科学研究所	75.00
45	广西壮族自治区气象减灾研究所	60.00
46	中国林业科学研究院华北林业实验中心	58.00
47	内蒙古自治区气象科学研究所	57.40
48	水利部水工金属结构质量检验测试中心	50.00
49	陕西省气象科学研究所	33.06
50	海南省气象科学研究所	30.00
51	水利部长江勘测技术研究所	30.00
52	河南省气象科学研究所	19.00
53	山东省气象科学研究所	0.00
54	中国医学科学院	0.00
55	中国电影艺术研究中心（中国电影资料馆）	0.00
56	国家体育总局体育信息中心	0.00
57	山西省气象科学研究所	0.00
58	天津市气象科学研究所	0.00
59	中国地质调查局天津地质调查中心（华北地质科技创新中心）	0.00

排名	机构名称	纵向科技性收入/万元
60	成都地质调查中心	0.00
61	国家测绘地理信息局测绘标准化研究所	0.00
62	水利部水利水电规划设计总院	0.00
63	吉林省气象科学研究所	0.00
64	中国地质调查局沈阳地质调查中心	0.00
65	贵州省山地环境气候研究所	0.00
66	中国热带农业科学院广州实验站	0.00

附表3-3　2016年转为其他类型事业单位科研机构横向科技性收入

排名	机构名称	横向科技性收入/万元
1	中国特种设备检测研究院	52048.00
2	珠江水利委员会珠江水利科学研究院	13851.00
3	成都地质调查中心	6745.40
4	国家海洋技术中心	5348.64
5	中国地质调查局西安地质调查中心	5206.43
6	水利部中国科学院水工程生态研究所	3764.41
7	中国地质调查局南京地质调查中心	2953.85
8	环境保护部核与辐射安全中心	2865.71
9	水利部长江勘测技术研究所	2718.61
10	水利部水工金属结构质量检验测试中心	2390.73
11	中国农业科学院农业质量标准与检测技术研究所	2250.34
12	中国极地研究中心	1867.38
13	水利部产品质量标准研究所	1716.00
14	农业部南京农业机械化研究所	1583.31
15	中国地质调查局天津地质调查中心（华北地质科技创新中心）	1283.65
16	中国林业科学研究院林业科技信息研究所	1067.92
17	国家体育总局体育信息中心	921.92
18	中国水产科学研究院长江水产研究所	850.13
19	中国热带农业科学院科技信息研究所	715.87
20	水利部水利水电规划设计总院	677.74
21	中国地质调查局沈阳地质调查中心	535.45

排名	机构名称	横向科技性收入/万元
22	中国热带农业科学院分析测试中心	527.62
23	中国水产科学研究院珠江水产研究所	515.66
24	中国医学科学院血液病医院（血液学研究所）	495.48
25	国家林业局泡桐研究开发中心	489.51
26	中国医学科学院肿瘤医院	344.76
27	中国农业科学院农田灌溉研究所	301.06
28	国土资源实物地质资料中心	285.51
29	山西省气象科学研究所	281.12
30	青岛海洋地质研究所	268.20
31	中国林业科学研究院华北林业实验中心	263.00
32	中国林业科学研究院亚热带林业实验中心	186.40
33	天津市气象科学研究所	183.47
34	浙江省气象科学研究所	170.40
35	湖南省气象科学研究所	157.22
36	中国地质博物馆	148.00
37	国家林业局桉树研究开发中心	144.90
38	中国地质调查局武汉地质调查中心	113.00
39	中国林业科学研究院热带林业实验中心	88.60
40	中国热带农业科学院广州实验站	63.59
41	吉林省气象科学研究所	46.52
42	黑龙江省气象科学研究所	44.41
43	中国医学科学院皮肤病医院（研究所）	32.81
44	山东省气象科学研究所	29.50
45	安徽省气象科学研究所	18.00
46	中国热带农业科学院湛江实验站	8.83
47	中国医学科学院整形外科医院	2.56
48	河北省气象科学研究所	0.00
49	中国热带农业科学院海口实验站	0.00
50	中国医学科学院	0.00
51	内蒙古自治区气象科学研究所	0.00
52	西藏高原大气环境科学研究所	0.00
53	中国电影艺术研究中心（中国电影资料馆）	0.00
54	海南省气象科学研究所	0.00
55	广西壮族自治区气象减灾研究所	0.00
56	云南省气象科学研究所	0.00

排名	机构名称	横向科技性收入/万元
57	宁夏回族自治区气象科学研究所	0.00
58	青海省气象科学研究所	0.00
59	国家测绘地理信息局测绘标准化研究所	0.00
60	河南省气象科学研究所	0.00
61	中国林业科学研究院沙漠林业实验中心	0.00
62	国家体育总局运动医学研究所	0.00
63	福建省气象科学研究所	0.00
64	重庆市气象科学研究所	0.00
65	贵州省山地环境气候研究所	0.00
66	陕西省气象科学研究所	0.00

附表 3-4　转为其他类型事业单位科研机构数据汇总

调查项	2015 年	2016 年	增长率
（一）人员情况			
1. 在职人员数	12908 人	13183 人	2.13%
2. 在职科技人员数	8313 人	8416 人	1.24%
科技人员数/在职人员数	64.40%	63.84%	-0.87%
3. 人员流动情况			
（1）人员增加数	547 人	492 人	-10.05%
（2）人员减少数	441 人	401 人	-9.07%
4. 离退休人员情况			
（1）离退休人员数	7971 人	8458 人	6.11%
（2）离退休人员费用	5.93 亿元	6.71 亿元	13.25%
离退休费/科学事业费	31.56%	27.23%	-13.71%
（二）经营情况			
1. 资产总体情况			
（1）资产总额	195.25 亿元	216.61 亿元	10.94%
（2）科研仪器设备总原值	23.44 亿元	24.84 亿元	5.94%
（3）净资产总额	129.69 亿元	146.84 亿元	13.22%
净资产率（净资产/总资产）	66.42%	67.79%	2.06%

调查项	2015年	2016年	增长率
2. 总收入及构成			
（1）总收入	103.46 亿元	125.74 亿元	21.54%
财政性收入/总收入	51.19%	54.64%	6.74%
（2）科学事业费	18.77 亿元	24.64 亿元	31.25%
（3）修缮购置专项经费	0.68 亿元	0.93 亿元	36.98%
（4）其他财政拨款	11.85 亿元	14.69 亿元	23.97%
（5）纵向科技性收入	13.93 亿元	20.65 亿元	48.26%
纵向科技性收入/总收入	13.46%	16.42%	21.99%
（6）横向科技性收入	10.85 亿元	11.66 亿元	7.47%
横向科技性收入/总收入	10.48%	9.27%	−11.58%
（7）产品销售收入	1.17 亿元	1.16 亿元	−0.70%
产品销售收入/总收入	1.13%	0.92%	−18.30%
（8）其他收入	38.48 亿元	44.40 亿元	15.38%
3. 税金	0 亿元	0 亿元	0
4. 人均货币收入	14.31 万元	15.47 万元	8.09%
（三）主要科技产出			
1. 完成科研项目数	1410 项	1352 项	−4.11%
2. 获国家级科技奖励数	21 项	8 项	−61.90%
3. 获行业科技奖励数	32 项	52 项	62.50
4. 获省部科技奖励数	184 项	57 项	−69.02%
5. 专利申请数	478 项	579 项	21.13%
6. 专利授权数	397 项	555 项	39.80%
发明专利授权数	132 项	157 项	18.94%
7. 研究生培养总数	1657 人	1702 人	2.72%
博士培养数	755 人	736 人	−2.52%
硕士培养数	902 人	966 人	7.10%
8. 发表论文数	3580 篇	3908 篇	9.16%
9. 出版专著数	127 部	124 部	−2.36%